TERMITES ET CHAMPIGNONS

ISBN 2-85004-004-5

COLLECTION « FAUNES ET FLORES ACTUELLES »

Roger HEIM
Membre de l'Académie des Sciences
Directeur honoraire du Muséum National d'Histoire Naturelle

TERMITES
ET CHAMPIGNONS

Les champignons termitophiles d'Afrique Noire et d'Asie méridionale

Planches en couleurs peintes par Michelle Bory et Roger Heim

Ouvrage publié sous l'égide de la Fondation Singer-Polignac
et le concours du Centre National de la Recherche Scientifique

1977

SOCIÉTÉ NOUVELLE DES ÉDITIONS BOUBÉE
11, place Saint-Michel - Paris-6e

AVANT-PROPOS

Notre première intention avait été de n'inclure que les *Termitomyces* africains parmi ces Agarics associés symbiotiquement aux meules des nids de ceux des termites qu'on a nommés champignonnistes. C'eût été le premier volume d'une Flore mycologique d'Afrique Centrale réduite strictement à ce continent. Mais les investigations que nous avons menées aux Indes, dans l'Orissa et le Bihar en 1967, et les récoltes ainsi faites de nombreux échantillons du même genre nous ont conduit à envisager et à adopter une autre solution : nous avons dans ce présent volume réuni la totalité de nos observations et celles des auteurs sur les champignons termitophiles, non seulement sur ceux d'Afrique, où se conserve une notable homogénéité dans leur composition depuis la Guinée ex française et l'Abyssinie jusqu'à la Rhodésie, mais aussi, de l'Asie méridionale, particulièrement des Indes où les espèces sont très voisines ou homologues de celles d'Afrique Noire quoique pour l'Asie moins nombreuses. En effet, les diverses questions et les hypothèses que posaient la biologie et la morphologie comparée des *Termitomyces* nous incitaient à traiter de ce passionnant domaine selon toute son étendue, sans oublier Madagascar où le problème est différent, et méritait un autre voyage dont le projet fut abandonné mais où nos observations n'en sont pas moins utiles aux discussions relevant de telles préoccupations générales. Ce livre a donc été consacré finalement à l'ensemble des connaissances propres aux *Termitomyces* et plus largement aux Macromycètes des meules et des nids de termites sur tous les territoires de l'Asie et de l'Afrique où on les rencontre puisqu'ils sont absents de l'Amérique et de l'Océanie. Comme on le comprendra, nous n'avons pas abordé le difficile problème de la systématique ou même de la seule nomenclature des espèces de termites associées à ces champignons : notre incompétence en matière entomologique s'y refusait ; seules, de brèves et partielles déterminations faites par notre confrère et ami, le Professeur PIERRE-PAUL GRASSÉ, ont été introduites çà et là. Cette lacune ne touche guère l'ensemble du travail qui, mycologique essentiellement, forme un tout. A l'intégralité des espèces déjà décrites, la majorité par nous-même, s'ajoutent quelques formes inédites qui permettent de considérer l'ouvrage comme dépassant le cadre d'un regroupement de nos propres travaux, dispersés dans de nombreuses publications dont certaines sont épuisées ou peu aisées à consulter. Cette contribution d'ordre général reste ouverte comme il convient à de futures études sur la biologie et la physiologie des organismes associés — animaux d'une part, fongiques d'autre part — qui puissent compléter les résultats de nos propres recherches poursuivies de temps à autre au long d'une trentaine d'années, à la fois sur le terrain et au laboratoire, et traduites dans une série de notes et de mémoires dont le présent ouvrage transcrit et complète le contenu.

R.H.

INTRODUCTION

BREF HISTORIQUE DE LA DECOUVERTE DES AGARICS TERMITOPHILES

C'est dans les Indes orientales, à Tangore, qu'en 1779 le naturaliste allemand J.G. KÖNIG découvrait à l'intérieur des nids de termites, des formations cérébriformes de quelques centimètres de diamètre auxquelles on a donné plus tard le nom de *meules* ou de *jardins à champignons* — en anglais *nurseries* ou *Combs*, en allemand *Pilzgärten*. Cette observation devait se prolonger par de nombreuses investigations. On sait aujourd'hui qu'au voisinage de la cavité royale du nid, ces meules légères, qui épousent approximativement les contours des chambres dont un vide étroit les sépare, sont faites d'une matière homogène, constituée de minuscules débris ligneux mastiqués et cimentés par les ouvriers termites. Ces productions, ressemblant à des éponges ou à des amandes de noix, n'existent que dans les nids de *Macrotermes* et ont conduit à désigner ceux-là sous le nom de termites champignonnistes. Quant aux minuscules protubérances, observées initialement par KÖNIG, mais bientôt après retrouvées en Afrique tropicale par l'Anglais H. SMEATHMAN (1781), on les désigne sous les termes de *mycotêtes* en français, de *spheres* en anglais, de *Pilzkügelchen* en allemand.

Un demi-siècle plus tard, en 1847, le cryptogamiste britannique J. BERKELEY recevait d'un correspondant de Ceylan, G. GARDNER, un gros champignon de la famille des Agarics à lamelles, qu'il nomma **Lentinus cartilagineus.** On lui écrivait que cet échantillon était sorti « de la meule des termites, à 4 pieds au-dessous de la surface du sol ». C'était le premier carpophore découvert parmi ceux qui allaient beaucoup plus tard se multiplier sous le nom moderne de *Termitomyces* HEIM. Mais à W.F. GIBBON (1874) revient le mérite d'avoir, aux Indes, le premier, mentionné le rapport direct entre un Agaric (**Lepiota** selon CUNNINGHAM) et les *spheres* « grosses comme des têtes d'épingles » venant sur la substance terreuse à l'intérieur des nids. C'est donc la même espèce de Macromycète que divers auteurs — BROOME, CESATI, HENNINGS, PATOUILLARD, BEELI, etc. — reçurent depuis, recueillie dans des conditions analogues de plusieurs régions d'Insulinde, d'Asie méridionale, puis d'Afrique Noire, mais jamais d'Amérique — et pour cause ! et à laquelle ils appliquèrent des désignations multiples, la classant, selon chacun, parmi les Lépiotes, les Armillaires, les Plutées, les Tricholomes, les Volvaires, les Flammules, les Entolomes, les Mycènes, les Schulzéries. BERKELEY, à lui seul, a créé ainsi pour le même champignon selon les récoltes successivement reçues 5 noms à la fois génériques et spécifiques ! Ce furent après le **Lentinus, Lepiota albuminosa, Armillaria eurhiza, Collybia sparsibarbis, Armillaria termigena.** Avec HENNINGS et NYMAN le macromycète indonésien des termitières devient le **Pholiota Jeanseana, Flammula Jeanseana, Flammula filipendula, Pluteus Treubianus, Pluteus bogoriensis...** Comment, dans ces conditions, ne pas suspecter les déterminations habituelles de ces anciens mycologues. La systématique des champignons en était encore à ses balbutiements ! Plus tard, I. TRAGARDH (1904) eut le mérite de livrer dans ses *Termiten aus dem Sudan* une description précise de la structure des myco-têtes d'après ses récoltes au Soudan. Il fut en somme le second, après SMEATHMAN, à définir exactement les mycotêtes des meules africaines comme KÖNIG l'avait précisé précédemment aux Indes. Mais personne n'avait fait le rapprochement direct et définitif entre ce champignon terrestre et les mycotêtes souterraines avant l'éminent mycologue anglais T. PETCH — qui poursuivit une grande partie de sa carrière à Ceylan, comme directeur du célèbre jardin de Peradeniya, œuvre cruciale de la colonisation britannique comme le fut à Buitenzorg (Java) celle des Hollandais. Il apporta à ce propos une contribution décisive. Dans ce premier et remarquable mémoire de T. PETCH, paru en 1906, rédigé sur place, à Ceylan, l'auteur appuyait l'hypothèse, suspectée par GIBBON, d'une connexion entre les deux formations fongiques que les auteurs, jusque-là, avaient décrites, indépendamment, sans penser que la première, souterraine, pouvait sur les meules correspondre à l'état mycélien et en quelque sorte cavernicole des Agarics, fréquemment apparus, en Asie méridionale et en Afrique tropicale, sur les nids des macrotermites. La conclusion de PETCH était la suivante : « les faits semblent montrer que les *spheres* font partie du mycélium du *Volvaria* (le grand Agaric) mais il ne lui a pas été possible d'établir expérimentalement les rapports entre ces formes. » En cette même année 1906, au cours d'un voyage en Afrique du Sud, le naturaliste F.E. WEISS suspectait cependant l'origine d'une touffe d'Agarics observés sur termitières « résultant certainement de la croissance exubérante du champignon cultivé par beaucoup de termites pour leur nourriture ». C'est en 1913 que PETCH à nouveau, faisant état des magistrales observations de A. MÖLLER (1893) sur les fourmis coupeuses de feuilles et cultivatrices de champignons, propres à l'Amérique du Sud — les *Atta* —, tout en considérant que ses investigations avec les termites avaient été infructueuses pour apporter une claire démonstration à la même hypothèse, admet que le rôle nourricier des champignons des fourmis blanches ne diffère pas de celui que manifestent les fourmis sud-américaines. Mais il convient que « dans aucun cas on n'a établi la preuve d'une relation entre le champignon cultivé par l'insecte (le termite) et une forme supérieure (Agaric) ». Et PETCH rappelle encore l'existence à Ceylan sur les meules d'un champignon d'un tout autre groupe, un *Xylaria*, Pyrénomycète trouvé également dans les termitières de Madagascar où JUMELLE et H. PERRIER DE LA BATHIE (1907) lui assignaient une étroite relation avec les prétendues mycotêtes qu'ils y avaient rencontrées, hypothèse que quelques brèves observations réunies au cours d'une mission dans la

Grande Ile (1934-1935) nous autorisaient à discuter. Enfin, J. BATHEL-
LIER, en 1927, affirmait que le mycélium qui couvre normalement les
meules de certains *Termes* d'Indochine appartenait au cycle d'un Basidiomycète, que nous identifions alors au *Volvaria* de PETCH, et il établit
aussi que la matière des meules provenait non pas de substance excrémen-
tielle, comme on le croyait, mais de la trituration incomplète de composés
ligneux mastiqués puis rejetés par les ouvriers termites. Enfin, il suspectait la croyance en une prétendue culture dirigée par les insectes eux-
mêmes en vue d'une utilisation alimentaire supposée, thèse que dans une
forme littéraire MAETERLINCK (*) avait poétisée et propagée. Les faits
avancés par BATHELLIER ont été par la suite confirmés et développés
par P.-P. GRASSÉ, depuis 1937. Ce savant biologiste, en outre, a parfaitement précisé et distingué les quatre opérations successives conduisant à
l'édification des meules : récolte des matériaux ligneux, leur mise en tas
et leur transformation en sciure, l'insalivation, enfin le modelage. Le
termite mâche, triture et modèle la sciure en boulettes globuleuses dont
l'accumulation et la cimentation conduiront à la meule. GRASSÉ suspecte,
comme BATHELLIER, le bien-fondé de la théorie attribuant au revêtement
mycélien, ou aux conidies des mycotêtes dispersées sur la surface des
meules, un rôle alimentaire exclusif. Pour lui, comme pour SMEATHMAN,
les meules, certes, sont des nourriceries, mais les champignons croissent
sur elles parce qu'elles constituent un milieu qui leur est favorable. « Tout
se passe en dehors de l'intervention intentionnelle de l'insecte ».

Nous avons étudié ce même problème, en mycologue surtout, depuis
1927, et plus particulièrement au cours et à la suite de nos expéditions
africaines, de 1938 jusqu'en 1961 ; peu à peu la vérité a paru se préciser grâce à la chance qui nous a servi à plusieurs reprises, nous conduisant en Afrique tropicale à observer et à recueillir un grand nombre d'agarics associés aux termites. Aujourd'hui, nos observations ont pu être com-
plétées en Oubangui, dans la province de la Lobaye (République Centrafricaine) où notre Station Expérimentale de La Maboké nous a procuré
l'occasion de poursuivre des investigations sur un riche matériel. Enfin,
une expédition avec R.G. WASSON dans l'Orissa et le Bihar, en Inde orientale (1967), nous a mis en présence des champignons termitophiles du
Sud-Est asiatique, dont nous avons pu poursuivre l'étude en détail.

En vérité, cette brève vue d'ensemble sur l'historique de ce domaine
reste très incomplète. Nous y reviendrons dans le cours de cet ouvrage en
traitant des sujets particuliers. On trouvera en tout cas une analyse bibliographique détaillée dans notre premier mémoire (1941) où sont mentionnées et résumées les contributions de nombreux auteurs dont plus d'une,
d'ordre systématique, a contribué à créer des confusions qui n'ont été
rectifiées que récemment.

Ainsi, en ce qui concerne les meules et les mycotêtes, on peut citer
pour l'Afrique intertropicale, KIRBY et SPENCE (1846), T.S. SAVAGE (1850),

---

(*) MAETERLINCK (Maurice). — La vie des Termites (1927).

Y. SJÖSTEDT (1906), K. ESCHERICH (1908, 1911), F. SILVESTRI (1914,
1917-18, 1920) et pour les Agarics, J. BEQUAERT (1912-13) (meules,
agaric), N. PATOUILLARD (1916), plus près de nous M. BEELI (1927,
1932, 1938) ; pour l'Afrique du Sud, P.E. WEISS (1906) (agaric), E. WAR-
REN (1909) (meules), CL. FULLER (1915, 1921) (meules, saprophytes) seul
et avec A.M. BOTTOMLEY (1921) (mycotêtes) ; pour l'Asie méridionale,
J. SCHORTT (1867), P. DÖFLEIN (1905) (mycotêtes, *Xylaria*), encore
K. ESCHERICH (1911), N. PATOUILLARD (1913) (agaric), E. BUGNION (1911,
1914) (meules) ; pour l'Indonésie, P. KNUTH (1889), C. HOLTERMANN (1898,
1899), HENNINGS et NYMAN (1899), de CESATI (1898), V. HÖHNEL (1903)
(saprophytes), H. SYDOW et E.J. BUTLER (1914), W.A. BROWN aux Philippines (1918) (mycotêtes), N.A. KUMNER (1934).

Enfin, nous mentionnons la mise au point générale de E. HEGH (1922)
et les considérations sur la biologie des Termites champignonnistes de
M.H. NORSTATT (1922). Depuis nos publications que résume le présent
ouvrage, diverses indications propres aux *Termitomyces* ont été signalées
de l'Inde (B.K. BAKSHI, 1951), et d'Afrique : S.J. HUGHES [Gold Coast
(1952-1953)], L.J. PIENINNG [Ghana (1962)], S.O. ALASOADURA [Nigeria
(1960)]. En somme, toute l'Afrique occidentale, équatoriale, méridionale
et orientale correspond à l'aire de croissance des *Termitomyces* liés aux
Macrotermites dits champignonnistes ; de même, toute l'Asie méridionale
depuis l'Iran (exclus) jusqu'aux Philippines et l'Insulinde (inclus).

Les publications étrangères sur les Agarics termitophiles d'Afrique
Noire ont donc été dans ces dernières années fort restreintes et n'ont
apporté aucun indice de nouveauté.

Signalons cependant une note de S.O. ALASOADURA sur « le
genre Termitomyces Heim » dans ses « Studies in the Higher Fungi of
Nigeria ». Quelques indications morphologiques sur six espèces recueillies en ce pays que l'auteur a déterminées y figurent : **T. clypeatus** HEIM,
globulus HEIM et GOOSSENS, **mammiformis** HEIM, **microcarpus** (BERK. et
BR.), **robustus** (BEELI), **striatus** (BEELI). Cette publication s'appuie sur des
références bibliographiques très incomplètes. Elle ne tient pas compte, par
exemple, de l'opinion que nous avons précisée en 1942 (Arch. du Muséum)
selon laquelle « il sera convenable de placer les *Termitomyces* dans la
famille des *Amanitaceae* sensu HEIM (1934) comme tribu des *Termitomy-
ceteae* formant le pont entre les *Lepioteae* (par les genres **Collybia, Lepiotella** et **Limacella**) et *les Collybieae* (sensu HEIM, 1934) (par les **Mycena
Basipedes** et les **Collybia Baeospora**), cette dernière tribu propre aux *Tri-
cholomaceae*. Mais c'est au voisinage des Lépiotes, à côté des **Cystoderma,
Lepiotella** et **Limacella** que les *Termitomyces* peuvent être placés avec
le plus de vraisemblance ». L'auteur cite notre contribution à la Flore iconographique des champignons du Congo (*Termitomyces*, 1958), mais passe
sous silence nos nombreuses publications antérieures, depuis 1940, sur
les Termitophiles de Guinée, Côte d'Ivoire, Cameroun, Congo français.
Cependant, la publication de Alasoadura livre des précisions intéressantes
sur les récoltes nigériennes et la diversité des noms vernaculaires confirmant nos informations sur l'attention portée par les populations africaines

à ces excellents comestibles, mais son article est frappé d'incertitude quant à la nature des termites recueillis et même de probables erreurs : ainsi il est certainement inexact que l'un des *Termitomyces* mentionné soit en rapport avec un *Microtermes*. Par contre, il adopte heureusement le nom du genre pour le **T. microcarpus.** Il mentionne 4 formes auxquelles il n'a pas attribué de noms spécifiques, mais, malgré de trop brèves indications descriptives qui justifient sa prudence, il s'agirait vraisemblablement de **T. aurantiacus** et de deux formes proches de **T. striatus : T. fuliginosus,** mais pour cette dernière, les descriptions sont très incomplètes ; elles font silence sur les caractères les plus essentiels et semblent témoigner d'une insuffisante conviction sur la valeur déterminante des indices essentiels : profil précis du perforatorium, description des voiles, indice de putrescibilité, nature et localisation des cystides, couleur précise de l'hyménium, réactions oxydasiques. En réalité, l'intérêt de cette note réside dans une confirmation propre à l'abondance et la variété des *Termitomyces* dans le Nigéria et à la présence en ce pays des diverses espèces récoltées d'autre part en Afrique occidentale et équatoriale, confirmant ainsi les indications très succinctes livrées par HUGHES (1952, 53) et PIERRING (1962) sur la présence des *Termitomyces* en Gold Coast et au Ghana.

D'autre part, D. THOEN, G. PARENT et récemment TSHITEYA LUKENGU ont signalé les *T. striatus, Le Testui, Schimperi* et *microcarpus* dans le Haut-Shaba (République du Zaïre). (L'usage des champignons dans le Haut-Shaba, Bull. trim. du CEPSE n° 100-101), 1973.

PREMIERE PARTIE

GÉNÉRALITÉS

LES CARACTÈRES ESSENTIELS DES *TERMITOMYCES* : LA MYCOTÊTE, LA MEULE, LA PSEUDORHIZE ET LE PERFORATORIUM

Après avoir démontré, par l'observation et par les cultures pures réalisées au Laboratoire (1940, etc.), que les mycotêtes étaient les états primordiaux cavernicoles des champignons apparaissant sur les nids de termites, que les sphérocystes ou cellules sphériques qui les composent en partie étaient identiques aux éléments constitutifs de ce voile général ou blématogène qui enveloppe dans leur état de jeunesse bien des Agarics, après avoir prouvé que la mycotête s'identifiait au primordium d'un Macromycète et établi que cette forme souterraine représentait un état-levure adapté à des conditions de milieu très spéciales, nous avons été conduit à assimiler les Agarics croissant sur les nids, en relation directe avec les meules, à un groupe naturel d'espèces diverses mais rattachables à un même genre que nous avons appelé *Termitomyces.*

A côté des minuscules formes mycotêtes, toutes identiques, liées aux meules souterraines, les stades ultimes constituant les Agarics terrestres s'associent dans un ensemble relativement homogène, les différences qui séparent les diverses espèces termitophiles tenant à la variabilité quantitative des particularités remarquables communes. Ces champignons, émanations aériennes des mycotêtes cavernicoles, sont reliés à celles-ci par des cordonnets, ou pseudorhizes, qui traversent le ciment compact de la termitière, parfois sur une hauteur atteignant jusqu'à deux mètres. Le futur Agaric prend peu à peu son essor au fur et à mesure que le cordonnet s'élève. Au sommet de celui-ci, le chapeau bientôt s'affirme. un mamelon, en son milieu, constitue la pointe perforatrice qui ménagera le passage à ce cordon en érection, et ce dernier, parfois animé dans son élongation d'un mouvement de croissance hélicoïdal, favorisera la montée hors du nid de cette fausse racine dont l'extrémité fructifère s'épanouira lors de son émersion sous forme de l'Agaric à lamelles, atteignant 15 à 30 cm de diamètre, que BERKELEY avait reçu de Ceylan il y a plus d'un siècle. Tel est le schéma essentiel de cette étonnante évolution.

C'est ainsi que nos investigations ont conduit peu à peu à caractériser toute une série de formes diverses d'Agarics termitophiles et à recher-

perforatorium

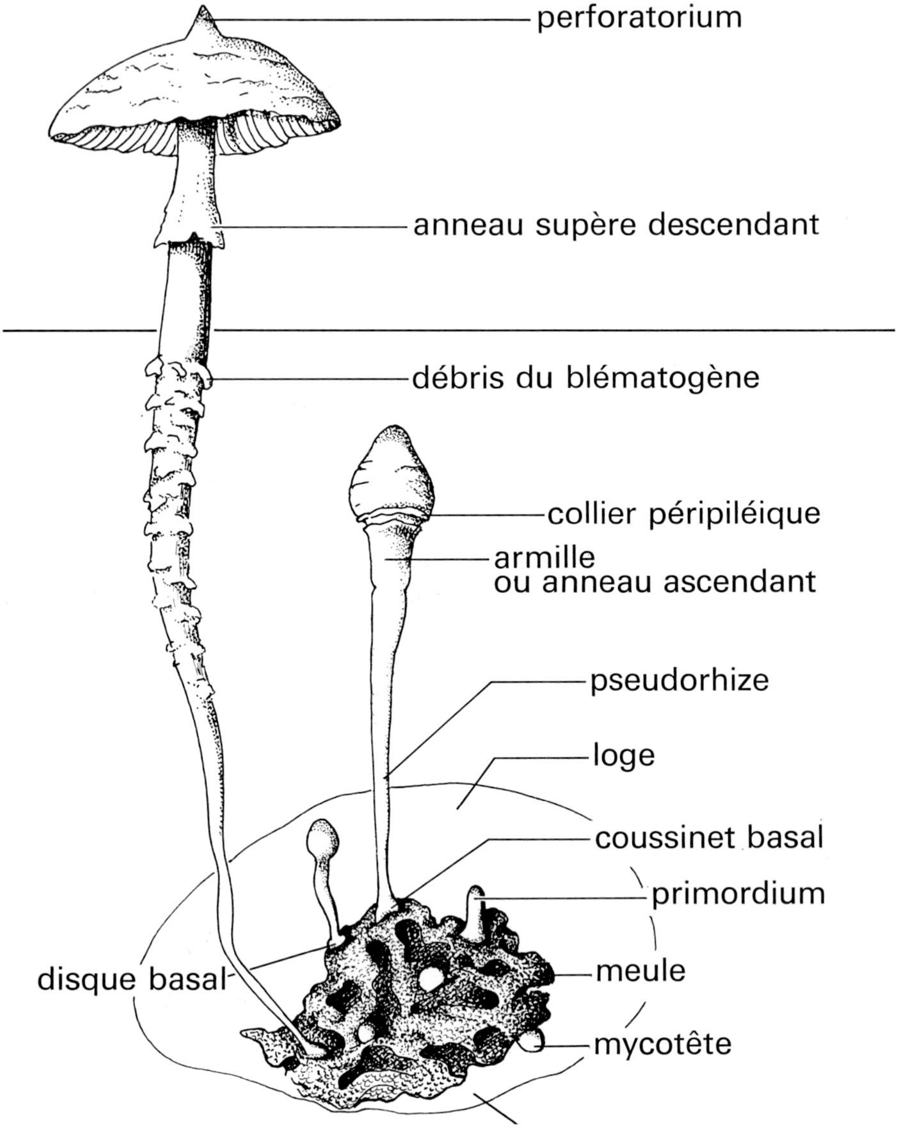

anneau supère descendant

débris du blématogène

collier péripiléique

armille
ou anneau ascendant

pseudorhize

loge

coussinet basal

primordium

disque basal

meule

mycotête

Fig. 1. — Nomenclature des termes concernant les diverses parties des Agarics
termitophiles associés aux meules des Macrotermites.

cher les critères parfois subtils qui conduisent à les différencier, tout en tenant compte des effets liés au milieu de l'espèce de termite, à celle de la meule, à la profondeur où celle-ci se trouve, à la structure du sol, à la saison propice — elle-même liée à l'apparition des pluies.

L'effet de la localisation de la meule dans le sol et de l'importance de l'obstacle opposé à la montée du cordonnet expliquerait dans une certaine mesure la physionomie et la taille du champignon. Il est significatif que l'une des espèces de *Termitomyces* (**T. Schimperi),** sensu HEIM, la plus grande, même gigantesque, ne possède pas le plus souvent de perforatorium : la puissance même du chapeau, fortement bombé, permet de comprendre dans ces cas la progression du champignon naissant et le bouleversement qu'il cause dans les couches de terre sous-jacentes (mais quand la force ascensionnelle ne suffit pas, un dôme assimilable à un énorme mamelon se constitue.

Ajoutons que la valeur de la coupure générique *Termitomyces* ne fait pas de doute. De même que tous les représentants de ce genre sont liés aux termites, tous les champignons associés à ces insectes, c'est-à-dire aux meules — nous ne disons pas aux nids — appartiennent à ce genre dont le faisceau des caractères ne s'applique à aucun groupe connu ; ce qui explique l'extrême diversité des apparentements que les anciens auteurs attribuaient à ces champignons, placés ainsi par eux dans les genres les plus variés selon qu'ils s'appuyaient sur l'un ou l'autre des caractères physionomiques qu'ils traduisaient différemment conformément à l'appréciation incomplète et plus ou moins subjective de chacun.

Ces particularités morphologiques étant mentionnées, il restait à préciser les rapports exacts qui unissent l'insecte au champignon au-dehors de toute pesée anthropomorphique (fig. 1).

CHAPITRE II

Dans ce chapitre, nous nous inspirerons des précisions apportées en premier lieu sur le *Termitomyces striatus* (BEELI) HEIM rencontré à de multiples occasions depuis 1938, notamment en Côte-d'Ivoire et en Guinée, puis au Congo français et en Oubangui, et dont nous avons obtenu la culture au laboratoire comme celle de la plupart des autres *Termitomyces*.

C'est au début de la saison des pluies (avril-mai) que croît surtout le **T. striatus,** associé au *Pseudocanthotermes militaris,* souvent sur le sol où n'apparaît aucun indice de termitière. Seule, la fouille permet de découvrir les chambres et leurs meules, celles-ci souterraines le plus fréquemment, parfois à un mètre, voire deux mètres de profondeur, dans les lieux dénudés, même fréquentés, en savane, dans les plantations (caféier, *Elaeis*), les clairières de la forêt-parc, le bord des routes, rarement en forêt dense.

Les chambres souterraines, grossièrement hémisphériques sont presque entièrement remplies par les meules isolées ou assemblées en petit nombre dans la même chambre, 2 à 4 le plus souvent. Leur forme est irrégulière, variable, jamais globuleuse dans le cas du *striatus*, toujours aplatie, à longues arêtes peu courbées, alors que l'*Acanthotermes acanthotorax,* par exemple, construit de petites meules arrondies et privées des dépressions primaires qu'édifie le termite lié au *T. striatus.* Chez le dernier, la surface de la meule est sillonnée et découpée par quelques longues et profondes dépressions inégales (cavités primaires), irrégulières, sinueuses, que traversent souvent les jeunes *cordonnets de jonction* émis par les mycotêtes. Indépendamment de ces larges anfractuosités, la meule est percée d'étroites cavités régulièrement cylindriques, peu profondes, ou canaux, de 1,5 à 2 mm de diamètre, peu nombreuses, une dizaine par meules.

Ces dernières sont faites d'une matière légère, friable, constituée de micelles d'argile mêlées de fragments de bois mâché et trituré par les ouvriers. On y découvre, au microscope, de nombreux vaisseaux ligneux annelés, spiralés et lisses, de multiples cellules libériennes criblées, des poils également.

Leur surface continue, à peine bosselée, ne montre pas distinctement le modelé des boulettes sphériques dont est faite la matière de la meule. L'aspect est presque continu et non oolithique comme chez les *Microtermes*. Le mycélium filamenteux de la meule, souvent érigé en houppettes hirsutes, est fait d'hyphes étroites de 1,8 à 3,4 μ de diamètre, à contour un peu toruleux-sinueux, rarement cloisonnées, à membrane régulièrement et moyennement épaisse (0,6 à 0,9 μ) mais réfringente, hyaline ; ces filaments sont rameux, anastomosés, renflés en ampoules çà et là, et plus souvent munis de hernies latérales hémisphériques, peut-être équivalentes à des boucles incomplètes.

Ce mycélium se cloisonne, s'élargit, se complique pour produire des éléments cellulaires extrêmement variables de dimensions et de forme, et qui se libèrent facilement. Ils sont allantoïdes, cylindracés, globuleux, piriformes, méandriformes, cérébriformes, en fuseau, en haltères, très souvent appendiculés, fréquemment à contour extrêmement complexe, étranglé. Ces cellules à profil tourmenté, de 30 à 60 μ de longueur en général, se montrent alors fréquemment sous la forme que PETCH a indiquée. Parmi les cellules multiformes ainsi décrites, on rencontre des éléments sphériques, ou régulièrement ovoïdes, de 12 à 15 μ de diamètre, assimilables à des sphérocystes libres, parfois en chaînes de deux ou trois, et qui naissent par bourgeonnement terminal à la manière de blastospores.

Ainsi, l'examen du subiculum mycélien, qui tapisse la meule et s'agrège en mycotêtes naissantes, montre une constitution déjà très complète faite d'éléments de types divers, non seulement filamenteux et cloisonnés, mais globuleux. En outre, les hyphes lactifères à plasma homogène chromophile y sont déjà nombreuses. Par contre, nous n'avons décelé aucune sporidie libre ou terminale sur les files cellulaires. Jamais il ne nous a été possible de trouver deux types distincts de mycélium qui puissent se rapporter à deux espèces fongiques différentes. Nous avons constaté, indubitablement, que les meules examinées abritent des formations mycéliennes de même origine et réalisent ce qu'il est convenu d'appeler une culture pure.

LES MYCOTÊTES

Les *mycotêtes* offrent l'aspect de petits corps semi-globuleux ou un peu coniques, blancs, sessiles, dont le diamètre est le plus souvent de 0,5 à 1,8 mm et correspond alors, sous cette dimension, à un état de stabilisation momentané. Ces sphères grossissent ensuite en élargissant sur la surface de la meule leur assise, qui atteint alors 3 à 5 mm, dépassant quelque peu le diamètre de la mycotête, élargie et allongée en cordon cylindrique, qui peu à peu s'érigera vers la paroi de la chambre et pénétrera dans le sol. On note en même temps que les mycotêtes, petites ou déjà en voie d'élongation, sont, à leur base, entourées d'un étroit subiculum annulaire qui les relie solidement à la surface environnante de la meule. Nous avons observé que ces mycotêtes étaient fréquemment « broutées » par les termites, mais alors presque toujours incomplètement.

Les *cordonnets naissants* ne sont pas obligatoirement érigés vers le haut, mais parfois horizontaux lorsqu'une paroi de meule, dans une anfractuosité de celle-ci, se présente sur le trajet naissant ou au voisinage de la mycotête en élongation. Alors, le cordonnet, de 3 à 4 mm de diamètre dans ce cas, franchit la distance qui le sépare de la paroi lui faisant vis-à-vis et vient se souder à celle-ci. Il restera bloqué à cet état avant de disparaître. Une coupe longitudinale médiane dans ces cordonnets de jonction met en évidence leur structure, identique à celle d'une mycotête normalement développée mais non en érection ; le cylindre central plus chromophile, filamenteux, entouré du voile général moins chromophile, cellulaire, s'amincit vers l'extrémité où la soudure s'est produite, à l'opposé de l'assise de départ. Ainsi, l'anatomie nous confirme que ces éléments sont dûs, non pas à l'anastomose de deux mycotêtes en croissance, mais bien à la levée d'un seul de ces primordiums. Cependant nous avons observé une fois la soudure de deux jeunes cordonnets, d'où résultait la formation d'un cordonnet unique capable d'un développement ultérieur. Les particularités d'aspect des cordonnets de jonction, non verticaux, permettent de supposer que l'une des parois exerce un tropisme sur la mycotête née sur l'autre, celle qui lui fait vis-à-vis. Il est à noter, en confirmation de cette manière de voir, que l'on rencontre peu de mycotêtes dans les anfractuosités riches en ces cordonnets de jonction.

La structure des petites mycotêtes blanches apparues sur meules, et appartenant, par exemple, au cycle de l'espèce africaine *striatus,* est proche de celle que PETCH a décrite minutieusement en ce qui concerne les mycotêtes du **Volvaria eurhiza** (*Termitomyces albuminosus*), à Ceylan. Elle est constituée de deux sortes principales de cellules : les sphérocystes et les cellules ovales, qui émanent des filaments mycéliens superficiels, ceux qui forment les pédoncules dans l'espèce ceylanaise, le stroma basal dans celle d'Afrique à mycotêtes sessiles.

Les *sphérocystes,* ou « conidies sphériques » de PETCH, de 15 à 25 μ en général, possèdent une membrane assez épaisse, de 1,5 à 2 μ. Elles se présentent sous forme de chaînes linéaires, le plus souvent de 3 à 5 éléments, non ramifiées, à plasma peu dense, et s'accroissent par bourgeonnement apical dans la cellule terminale.

Les *cellules ovales* naissent fréquemment sur les sphérocystes terminaux sans transition. Elles forment alors des branches cloisonnées dont les éléments apparaissent dichotomiquement, la germination latérale, immédiatement au-dessus d'une cloison transversale, produisant une nouvelle chaîne de cellules analogues qui pourra pareillement se ramifier. Les éléments cellulaires constitutifs de ces chaînes mesurent le plus souvent 8 à 15 $\times$ 6,5 à 9 μ, et sont nettement plus larges que ceux décrits par PETCH 8 à 20 $\times$ 5 μ). Ils peuvent se séparer par simple désarticulation de la file et se montrent alors irrégulièrement ovoïdes, souvent tronqués à l'une ou aux deux extrémités, alors subrectangulaires, souvent aussi asymétriquement courbes. Ainsi libérés, ils mesurent 10 à 16 $\times$ 7 à 9 μ. Leur cytoplasme et ses inclusions graisseuses sont groupés vers le centre, autour des deux noyaux, les parties extrêmes se montrant trouées de vacuoles renfermant des précipitations métachromatiques relativement nombreuses et volumineuses. Ces cellules sont des *blastospores* assimilables à des sporidies. De même que dans les filaments mycéliens, elles renferment de nombreux cristaux protéiques, colorés en noir par l'hématoxyline. Il est à noter que les mêmes cellules en culture artificielle ne présentent pas ces cristallisations.

Alors que les sphérocystes produisent souvent des chaînes de blastospores ovoïdes, ces dernières ne donnent jamais de cellules sphériques. Cette remarque est conforme à celle de PETCH, faite sur les mycotêtes ceylanaises.

On trouve encore à la périphérie des mycotêtes, naissant sur des sphérocystes, des cellules particulières, en forme de colonnes claviformes, renflées à la base et au sommet (8 à 16 μ), étirées dans la partie moyenne (4,5 à 7 μ), atteignant 40 à 65 μ de hauteur et non cloisonnées. Ces sortes de columelles en forme d'haltère, à membrane mince, renferment un plasma abondamment, entièrement granuleux et homogène. On peut les assimiler à des blastospores multiples et déformées et les caractériser sous le terme d'*éléments columniformes*.

PETCH a fait justice des descriptions fantaisistes qu'a fournies HOLTERMANN des mycotêtes et de leur structure. Cet auteur croyait pouvoir interpréter les sphères comme possédant un développement interne très actif, à l'intérieur d'une enveloppe dont la rupture « libérait les milliers de conidies ». La sphère est homogène dans sa structure générale faite de l'intrication ordonnée, dans le sens radial, de rameaux rayonnants dont certains sont constitués de cellules ovales, ou cylindracées, d'autres de cellules sphériques, d'autres de ces deux sortes d'éléments. Mais il est certain que, contrairement aux assertions d'HOLTERMANN, il n'existe qu'exceptionnellement des blastospores normalement libres sur la mycotête en place sur la meule. La séparation de ces éléments est consécutive à l'examen que l'on en peut faire et aux chocs qui en résultent.

Ainsi, la description des mycotêtes de cette espèce africaine coïncide dans ses grandes lignes avec celle qu'en a donnée PETCH, et elle est par suite assimilable ou affine à l'*Aegerita Duthiei*, terme fort discutable d'ailleurs, dont le maintien ne répond qu'à une commodité de langage, sous lequel BERKELEY a décrit les mycotêtes asiatiques.

Mentionnons qu'en ce qui concerne les mycotêtes du **Termitomyces microcarpus**, dont la position très particulière parmi ces Agarics fait l'objet dans le présent ouvrage d'un important développement, on observe à l'extrémité des files cellulaires, constituant la chair superficielle de ces productions, des éléments subulés caractéristiques. Ces cellules mesurent 35-80 μ de longueur totale sur 1,8-3 μ de large pour le prolongement effilé et 8-10 μ pour celle de la partie ovoïde basale ; elles sont parfois divisées par une cloison.

CORDONNETS OU PSEUDORHIZES

Le cordonnet émane directement de la mycotête parvenue à un degré d'évolution définitif sur la meule souterraine, et alors d'un diamètre de 1,5 à 2,5 mm environ. Il en est l'émanation fertile vers le stade épigé parfait ou vers le prolongement stérile, voué à l'avortement.

La structure d'un jeune cordonnet révèle l'existence de quatre sortes d'éléments : 1° des sphérocystes provenant du voile général de la mycotête, globuleux ou ovoïdes, en files linéaires ou isolés, à membrane assez épaisse (1 à 1,2 μ) ; 2° des hyphes fondamentales groupant des cellules binucléées, ovoïdes, globuleuses, cylindriques ou rectangulaires, assimilables aux cellules fondamentales de la mycotête ; 3° des hyphes connectives, souples, étroites (3-4-6 μ), sinueuses, cylindriques ou noduleuses-irrégulières, montrant parfois des ébauches de boucles, et qui dérivent de cellules fondamentales ; 4° des hyphes lactifères (ou vasiformes) longitudinales, mais sinueuses ou « en créneau », souvent fort longues, plutôt étroites.

Les éléments qui composent ces cordonnets sont donc respectivement ceux qui constituent essentiellement le primordium initial appelé mycotête. Le développement de celle-ci est conforme aux lois habituelles qui gouvernent la croissance des primordiums chez les Hyménomycètes.

Un autre indice anatomique fondamental caractérise ce cordonnet. Il concerne l'ébauche de l'organe piléique et de l'hyménium, tôt formé en son sommet. L'étude de cette extrémité va nous apporter un enseignement important quant à la lecture du champignon lui-même, du carpophore, et à la relation directe qui unit celui-ci au primordium que représente la mycotête.

Le cordonnet naissant, autrement dit le sommet de la mycotête étirée, est encapuchonné par les éléments sphérocystiques de 20-40 μ de diamètre, traçant des files cellulaires érigées. Cette couche blématogène se retrouve çà et là, fragmentée, autour du cordonnet ; elle y constitue les écailles floconneuses et les bourrelets annelés successifs qui se retrouveront parfois sur toute la longueur de la partie de la pseudorhize non pressée contre la parci du sol. La calotte primordiale comporte en fait deux zones massives, l'une externe, typiquement sphérocystique, et à files érigées perpendiculairement à la surface générale extérieure, l'autre plus profonde offrant déjà, sauf au sommet, une tendance à s'infléchir dans le sens radial. Au contact de cette strate blématogène interne, se dessine la zone corticale piléique, très épaisse puisqu'elle atteint le tiers de celle du pileus naissant, dans sa partie axiale.

Cette couche, très caractérisée, constitue la future cuticule piléique du péridium basidiosporé. Mais avant de s'épanouir dans la silhouette du champignon fructifié, elle devra subir l'ascension géotropique sur une profondeur parfois considérable, dans un sol dur, fait de terre latéritique et du ciment de la termitière ; c'est donc sur la partie sommitale de cette couche corticale que s'exercera principalement cet effort ascensionnel. Cette particularité constitue l'une des curiosités les plus sensationnelles, si l'on peut dire, du problème des champignons termitophiles. La disproportion entre la fragilité du cordonnet charnu, à structure pseudoparenchymateuse, privée de cellules sclérifiées, et la force mise en œuvre pour franchir l'obstacle est l'un des étonnants phénomènes que révèle l'étude de ces macromycètes. Elle est traduite par l'importance relativement exceptionnelle de la couche corticale, et le fait que dans un primordium où s'ébauche la différenciation hyméniale primordiale celle de la partie cuticulaire, avec son épais mamelon, est déjà visible.

Pour les détails anatomiques concernant ce stade de croissance, on se reportera à nos travaux antérieurs.

LA PSEUDORHIZE ET L'ASCENSION HELICOIDALE

La pseudorhize des *Termitomyces* appartient à l'ensemble de ces diverses catégories de formations mycéliennes cohérentes jouant un rôle soit de repos, soit de prolifération végétative auxquelles on réserve le nom de *synnema*. Ce terme peut être maintenu dans une acception générale, convenant aux agrégats mycéliens qui offrent une certaine régularité quelle que soit leur structure, mais on peut conserver l'appellation de pseudorhize pour les prolongements pédiculaires, parfois très longs, généralement hypogés, que le géotropisme négatif porte du support souterrain, qui peut être un fragment ligneux, vers le revêtement du sol. En fait, l'aboutissement sommital est en général la fructification complète. C'est bien le cas de cette fausse racine des *Termitomyces* qui précède l'état parfait de ceux-ci alors qu'une racine vraie est synchrone ou même postérieure à la croissance de l'organe épigé comme dans le sympode des champignons où la coalescence de plusieurs formations basales constitue une masse végétative à partir de laquelle se renouvellent les rameaux pédiculaires à héliotropisme positif (c'est fréquemment le cas du *Collybia velutipes* en Europe : v. *Champignons d'Europe*, 2ᵉ éd., 1969, fig. 9, D, p. 48).

La pseudorhize des *Termitomyces* a donc un triple rôle concomitant à jouer dont les actions se coordonnent : 1° naissante, elle déclenche dans la mycotête le mouvement ascensionnel qui porte ce stade primordial vers la lumière, 2° elle amorce la phase diploïde de la fructification progressive vers l'épanouissement complet et aérien du champignon, 3° elle réalise le cheminement et l'étirement héliotropique total du massif initial, puis du carpophore naissant et progressif à travers le mur latéritique, grâce au *mouvement* plus ou moins nettement *hélicoïdal* qui l'anime et auquel collabore le rôle *perforant* du mamelon piléique.

L'INSERTION DE LA PSEUDORHIZE ET LE DISQUE SCLERIFIE BASAL

Il s'agit là encore de dispositifs variables selon les espèces et qui semblent bien présenter un intérêt systématique.

En général, l'extrémité inférieure du cordonnet pseudorhizoïque naît directement de l'épaississement du primordium, c'est-à-dire de la *sphere* (en anglais) ou *mycotête*. La pseudorhize développée donne l'impression de s'amincir vers la base jusqu'au point d'impact, en général sans épaississement au niveau de celui-ci.

Dans le cas du **Termitomyces fuliginosus** HEIM, qui a fait l'objet d'une étude détaillée dans notre travail paru dans les Archives du Muséum, 1942, il existe entre l'emplacement de la mycotête-mère et la base du cordonnet une solution de continuité qui tient à une différenciation progressive et notable de l'extrémité de cette pseudorhize. Le cordonnet adulte se termine par un épaississement annulaire discoïde, si bien que sa partie inférieure peut être définie comme en forme de pied d'éléphant, de 10 à 15 mm de diamètre extérieur, de 2,5 à 3,5 mm de hauteur. Ce disque épais repose sur la meule par sa couronne basale qui en sépare les deux cercles externe et interne, celui-ci entourant l'évidement central au fond duquel subsiste la petite attache qui lie la meule, sur l'emplacement de la mycotête initiale, au centre de cette concavité de l'extrémité pseudorhizienne. L'aspect de ce disque rappelle vivement en mieux différenciée la terminaison bulboïde du long cordon souterrain des formes *Pluteus* et *Armillaria,* telle que PETCH l'a décrite et figurée.

Toute la surface de cet anneau, extérieure et intérieure, de couleur ocracé tirant sur l'orangé, est marquée de fines saillies, disposées régulièrement à égale distance l'une de l'autre (3 ou 4 par mm), constituant autant de granules au relief très accusé. Le cortex est dur, corné, parfois rongé par les termites.

Une coupe met en évidence la nature ligneuse de l'enveloppe et celle, tenace-fibreuse, mais molle, de la chair interne, blanche.

Quelques précisions d'ordre anatomique propres à cette formation exceptionnelle ont ici leur place :

Le cortex est fait d'hyphes sclérifiées, très particulières, serrées en palissade, et inséparables l'une de l'autre. Ces éléments cylindracés de 2 à 3,5 μ de largeur pour la plupart, à cloisons fréquentes (tous les 20 à 30 μ), à anastomoses et rameaux latéraux situés au-dessus des cloisons transversales, si bien que leur silhouette offre généralement l'aspect d'un H, d'un V, U ou Y renversé. Le plasma, granuleux, est entouré d'une membrane d'épaisseur inégale, non colorable, le lumen se rétrécit vers le milieu des cellules; les extrémités de ces hyphes sont arrondies, un peu élargies ; elles font saillie en étroits bouquets dont les éléments se séparent en s'élargissant au sommet, correspondant sous cet aspect aux ponctuations en relief qui parsèment la surface extérieure du cortex. Ce dernier mesure 110 à 140 μ d'épaisseur. Puis, insensiblement, en s'éloignant de la surface, les hyphes étroites s'élargissent jusqu'à 6,5 μ, perdent la rigueur de leur parallélisme, deviennent ondulées, leurs cellules s'allongent (80-90 μ), enfin s'emmêlent en constituant la chair, non sclérifiée, de ce disque.

Cette dernière est faite de deux sortes de cellules, intriquées en tous sens, les unes fondamentales, groupées en chapelets d'éléments cylindracés, allantoïdes, parfois ovoïdes, de 40-80 × 10-25 μ, à membrane épaisse, très inégale, de 4,5-5 μ dans la partie médiane, les autres, étroites, connectives, mais à membrane également quelque peu épaisse, non cloisonnées, de ± 2-3 μ de largeur, toruleuses-variqueuses. (Fig. 2.)

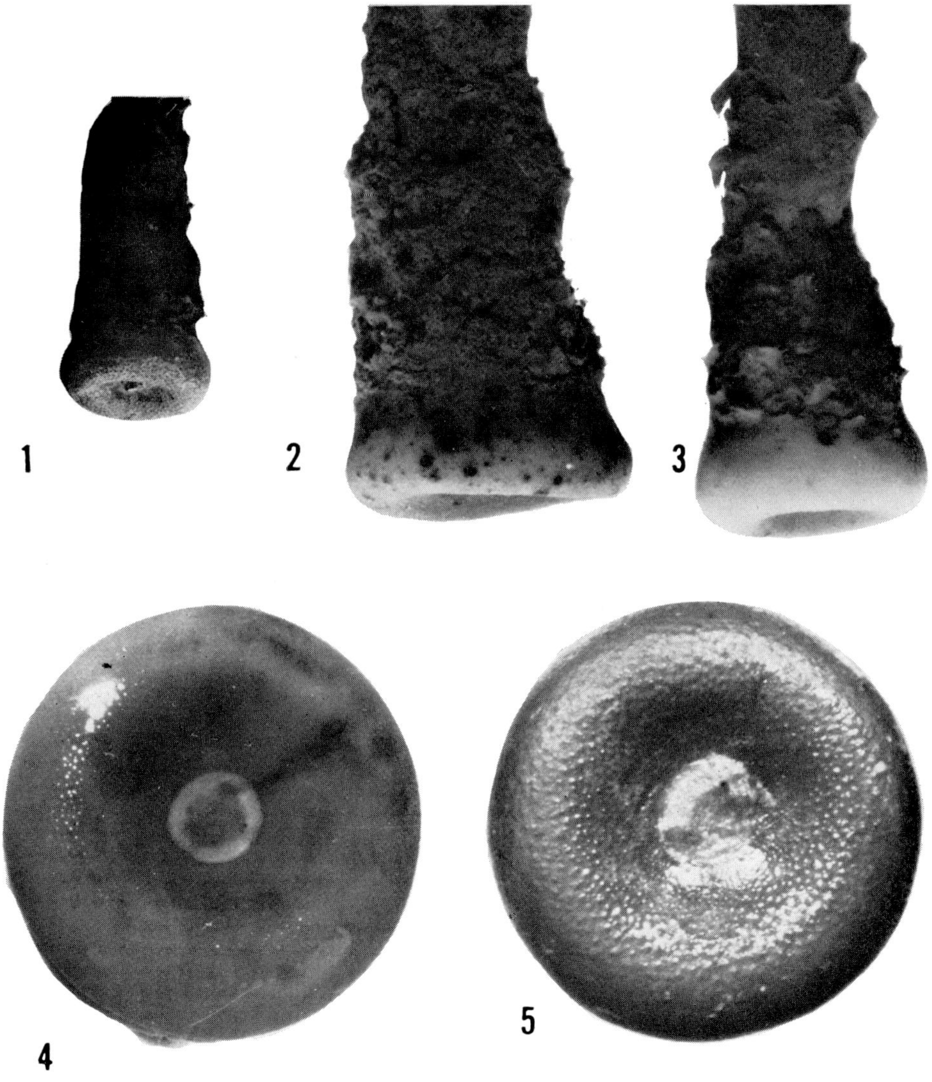

Fig. 2. — Bases des pseudorhizes du *Termitomyces fuliginosus,* montrant le disque sclérifié basal couvert de ponctuations caractéristiques (1 à 3, de profil ; 4, 5, en plan par dessous).

1, gr. nat.; 2, 3, gross. 1,8; 4, 5, gross. 2,8.
Leg. R. HEIM, Macenta, Guinée. — Phot. Labo. de Cryptog.

LES RHIZOMORPHES

Nous n'avons observé de vrais rhizomorphes chez les *Termitomyces* que dans le cas du **T. fuliginosus,** une seule fois d'ailleurs, au Congo-Brazzaville. Cette présence exceptionnelle soulève un problème que nous avons discuté plus loin. La photographie ci-jointe montre bien qu'il s'agit en fait de rhizomorphes tout à fait comparables à ceux des macromycètes, comme *Collybia grammocephala* par exemple, donc de productions synnematiques normales qui n'appartiennent pas à l'originalité des *Termitomyces.*

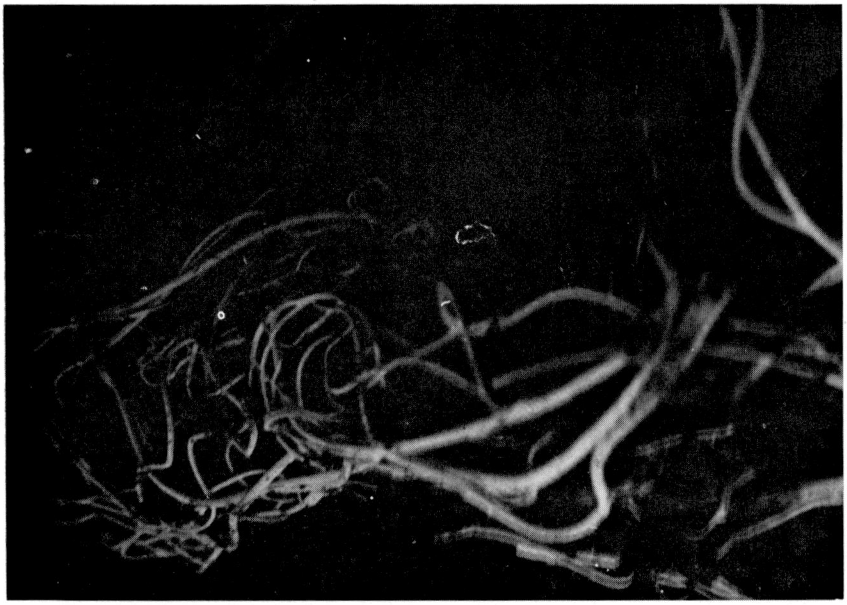

Fig. 3. — Rhizomorphes issus du *Termitomyces fuliginosus* dans une termitière. Congo-Brazzaville.
Phot. R. Heim

Ici, nous interprétons cette formation comme liée à la multiplicité des carpophores et à la faible profondeur des meules. C'est une sorte de retour de l'espèce vers la condition saprophytique normale des Agarics en général. Autrement dit, ce serait une mutation rétrograde. (Fig. 3, photo.)

LE PERFORATORIUM

Avec la pseudorhize, le perforatorium représente l'un des deux organes les plus caractéristiques des *Eu-Termitomyces.* Ses variations, de même que ses particularités, méritent d'être rappelées.

Le **T. mammiformis** offre un mamelon très différencié, sculpté, scrobiculé, bosselé, très dur, dont le rôle perforateur s'exerce sur une profondeur relativement considérable. Le **T. entomoloides,** par exemple, de petite taille parmi les *Eu-Termitomyces*, possède un umbo largement conique et peu accentué, qui rappelle celui du *T. striatus,* croissant souvent sur une faible profondeur de même que le *T. aurantiacus* au pileus campanulé-pointu. Le **T. clypeatus** par contre présente un perforatorium régulier, effilé, long et acéré qui explique que les Lissongos lui consentent l'appellation de *monbolokoboloko,* c'est-à-dire « champignon de gazelle », par comparaison du perforatorium avec la corne d'une antilope. Le plus grand *Termitomyces* est le **Schimperi** qui peut mesurer 25 cm de diamètre pour le pileus et dépasse parfois le poids de 2,5 kg ; jeune et enfermé dans son voile, le champignon atteint pour la masse fructifère jusqu'à l'amorce de la pseudorhize 47 cm de hauteur et 370 g, pour 57 cm, 450 g. Il peut ne plus exister d'indice de perforatorium lors de l'étalement final, car toute la partie supérieure du chapeau participe au soulèvement progressif et terminé de celui-ci, l'énorme mucron étant remplacé par un dur plateau brun foncé à chair sclérenchymateuse dont le rôle est achevé, mais l'énorme perforatorium est souvent décelable tout au long de l'érection souterraine. Le **T. Le Testui,** dont le chapeau atteint parfois 20 cm de diamètre, est muni au contraire d'un perforatorium cylindrique, pareillement dur. On sait que la forme mineure *microcarpus,* caractérisant le sous-genre *Prae-Termitomyces,* dont les primordiums sont précocement rejetés à fleur de terre, n'a pratiquement pas de mamelon perforateur. Dans le **T. medius,** le mamelon, pareillement à peine dessiné, explique sa modicité par le peu de résistance qu'il doit vaincre dans la traversée d'une épaisseur très limitée de latérite ; ici, la cavité libre des chambres est relativement grande, et les primordiums, puissants pour cette raison, avorteront en général parce que la substance nutritive des meules, de faible volume, ralentit la croissance par son insuffisance et stoppe l'amorce de fructification. (Fig. 4.)

LES VOILES

La pluralité des aspects que revêtent les voiles des *Termitomyces,* non seulement selon les espèces mais au sein de la même entité, soulève des problèmes importants qui s'appliquent à la fois à l'embryogénie, à la systématique, à la mycologie générale.

Nous avons étudié en particulier les voiles dans les espèces *striatus, mammiformis* et *Le Testui,* propres à l'Afrique Noire et, plus récemment, *albuminosus,* aux Indes.

Dans le **T. striatus,** le plus souvent les échantillons adultes, ou même encore jeunes, se montrent totalement privés de toute trace de voile, général ou partiel, annulaire ou piléique. Le champignon ressemble alors à une Collybie. On comprend donc pourquoi la forme asiatique ex-annulée ait été décrite sous les termes génériques de *Collybia* et de *Lentinus*. Mais,

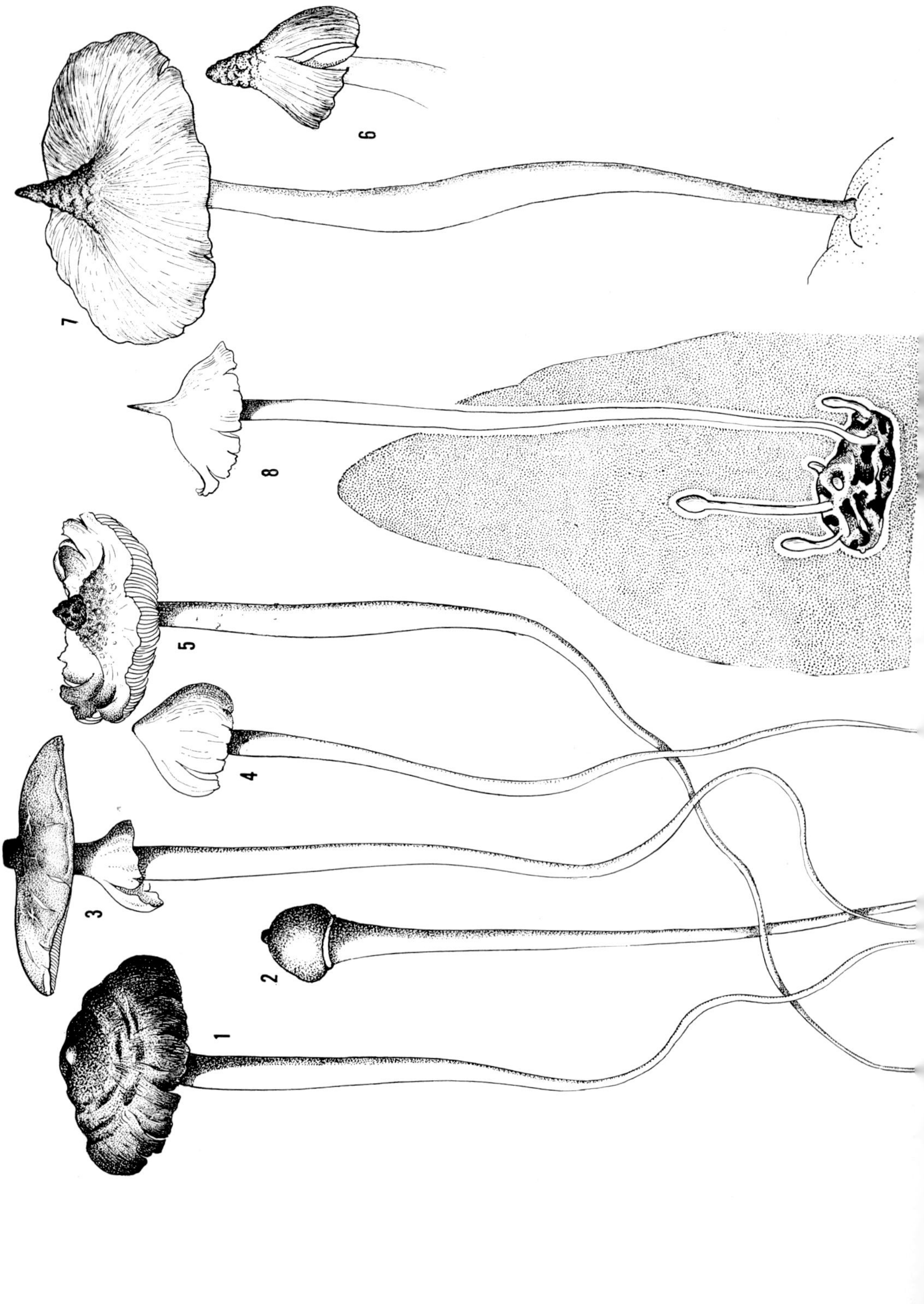
1
2
3
4
5
6
7
8

parfois aussi, il subsiste la preuve de l'existence d'un voile membraneux, profondément déchiré ou fragmenté, souvent fugace. Il arrive que ce voile subsiste en anneau complet membraneux et persistant, ou en anneau écailleux, incomplet, comme dans l'espèce *mammiformis*.

Les dessins (fig. 5, 1 à 5) mettent en évidence l'existence chez la même espèce, *T. striatus,* des trois dispositifs : voile sans indices annuliformes ou partiels, mais bien réduit à des pustules, reliques écailleuses, cotonneuses, compactes et épaisses du voile général et d'origine pédiculaire, profonde, primaire, souterraine, *v g p* qu'on retrouve sur l'exemplaire adulte : aucun indice de tout voile, ni général, ni partiel, ni marginal : lc champignon est nu dès l'origine ou au moins prématurément, coexistence d'un anneau provenant du voile partiel *v p* et de fins débris du voile général pédiculaire, *v g p.*

Ainsi peut-on parler du polymorphisme des trois voiles associés aux aspects de ces diverses reliques. L'espèce asiatique, *albuminosus* — si l'on en juge par la bibliographie —, est marquée à ce propos d'un dimorphisme plus accusé : d'une part, forme *Pluteus,* privée de tout indice de voile, d'autre part, forme *Armillaria* à voile rompu en anneau membraneux. Mais nos propres observations semblent affaiblir cette dualité. Ainsi, en tout cas, les distinctions spécifiques s'appuyant sur la présence ou l'absence des survivances de ces divers voiles ne reposent que sur une fausse interprétation.

L'exemple des *Termitomyces* suggère une comparaison avec celui des trois espèces dont l'embryogénie a été étudiée par E.J.H. CORNER : **Collybia apalosarca** BERK. et BR., **Collybia radicata** et **Armillaria mucida,** espèces dont la structure et les caractères essentiels, physionomiques et microscopiques, sont très voisins, mais dont les modes de développement sont bien différents : *radicata* gymnocarpe et sans voile général, *mucida* angiocarpe et à anneau infère se détachant des bords du chapeau, *apalosarca* typiquement hémiangiocarpe, à voiles général et marginal évanescents ou rudimentaires, pouvant laisser sur le pied une crête cicatricielle peu marquée. On voit où la notion et l'introduction du *genre* dans la systématique, quand le concept propre à celui-ci repose sur une valeur excessive attribuée à un caractère dont l'importance diffère selon le groupe envisagé, peuvent nous conduire à séparer des entités *spécifiquement* très proches, presque superposables.

Fig. 4. — Différents types de perforatorium. D'une part, perforatoriums bien individualisés, séparés du chapeau par une vallécule. 1, *T. fuliginosus* (hémisphérique lisse) ; 2, 3, *T. Le Testui* (cylindrique lisse) ; 5, *T. mammiformis* (tétiniforme scrobiculé). D'autre part, en continuité de profil avec le chapeau ; 4, *T. striatus* (encore jeune, conique-obtus, lisse) ; 6, 7, *T. spiniformis* (spiniforme, écailleux) ; 8, *T. clypeatus* (spiniforme lisse).

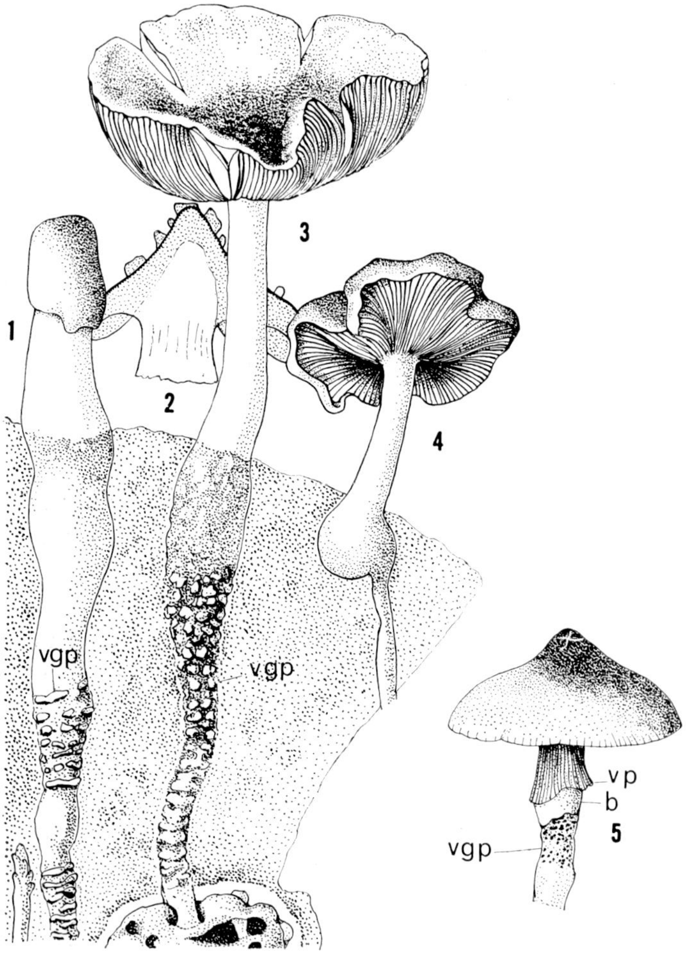

Fig. 5. — Pseudorhize et voiles chez *Termitomyces striatus* venant sur meules de *Macrotermes* : 1, jeune carpophore dont la pseudorhize souterraine porte les écailles membraneuses relictuelles, vgp, provenant du blématogène rompu ; 2, coupe longitudinale d'un chapeau encore jeune mettant en évidence les écailles pustuleuses provenant de la rupture du blématogène ; 3, carpophore adulte ; 4, carpophore privé de tout indice de voile ; 5, carpophore au début de son épanouissement, montrant quelques fines pustules survivances de blématogène, vgp, en haut de la pseudorhize et l'anneau double membraneux, d'une part super et tombant, vp, provenant du voile partiel et d'autre part le bourrelet ascendant, b. On peut noter sur la coupe en 2, la pénétration en coin du sommet du stipe dans la chair du chapeau, particularité offerte, plus ou moins évidente pour tous les *Termitomyces*.

Réduit de moitié
R. Heim dél. Côte d'Ivoire et Guinée

Ainsi, le **T. Le Testui** fait apparaître la coexistence de l'anneau supère et descendant dérivant du voile partiel et de l'anneau supère et ascendant du voile marginal. On trouvera la même diversité, le même polymorphisme, la même instabilité chez le **T. albuminosus,** recueilli aux Indes.

Dans le cas des *Termitomyces,* un fait digne d'attention concerne l'inconstance du moment où se manifeste l'indice de la naissance de l'hyménium. Nous avons pu noter que des cordonnets larges de 3 à 4 mm pouvaient révéler une structure homogène sans différenciation hyméniale, alors que d'autres, moins épais, traduisent le développement de la palissade basidiale. Le stipe paraît par conséquent se différencier d'abord, puis, en même temps, piléus et hyménium, alors que s'amorce déjà celui-ci dans la très jeune pseudorhize de 2 mm de diamètre, à proximité de la meule, à une profondeur qui peut atteindre deux mètres. *Le stade adulte de la pseudorhize est donc en réalité postérieur et non antérieur au stade de fructification.*

En conclusion, les Agarics termitophiles sont bien des champignons adaptés à la vie entièrement souterraine pendant la plus grande partie de leur cycle vital. L'apparition hors de terre déclenche seulement le mécanisme ultime de l'épanouissement : la formation du réceptacle définitif est déjà commencée dès le début du trajet souterrain, depuis l'indice du primordium que représente chaque mycotête au destin soit fertile, soit stérile.

LA MEULE, SUPPORT EXCLUSIF DU TERMITOMYCES ET LA SPECIFICITE DU TERMITE

Nous ne nous étendrons pas sur les meules construites par les Termites dits « champignonnistes ». Les zoologistes qui ont traité de ces insectes ont fourni une documentation déjà appréciable à cet égard, liée aux hypothèses qu'ils émettaient sur les rapports biologiques entre les fourmis blanches et les champignons, mais les données précisant les espèces à la fois entomologiques et mycologiques associées aux termitières respectives sont à peu près inexistantes. Il apparaît, certes, des liens entre la spécificité du termite, les aspects des meules qu'il construit et la nature du *Termitomyces* correspondant. On peut dire que le mode de construction des meules et la spécificité du *Termitomyces* qui y croît sont attachés à *une espèce ou un petit groupe d'espèces* déterminées de termites ; cependant, bien entendu, les modèles architecturaux des meules sont en nombre limité et ne sauraient suffire à nommer le Termite qui y est attaché. Nos travaux ont fourni plusieurs renseignements sur ces relations, mais de telles indications demeurent peu nombreuses. Sans revenir ici sur le rôle des mycotêtes et les rapports qui les lient aux termites, nous nous contenterons de mentionner quelques identifications communautaires. Les meules construites par l'*Ancistrotermes cavithorax* (SJÖST.) que P.-P. GRASSÉ a attentivement étudiées sont typiquement cérébroïdes à cloisons relativement larges, arrondies sur la crête qui est densément oolithique, à alvéoles moyens

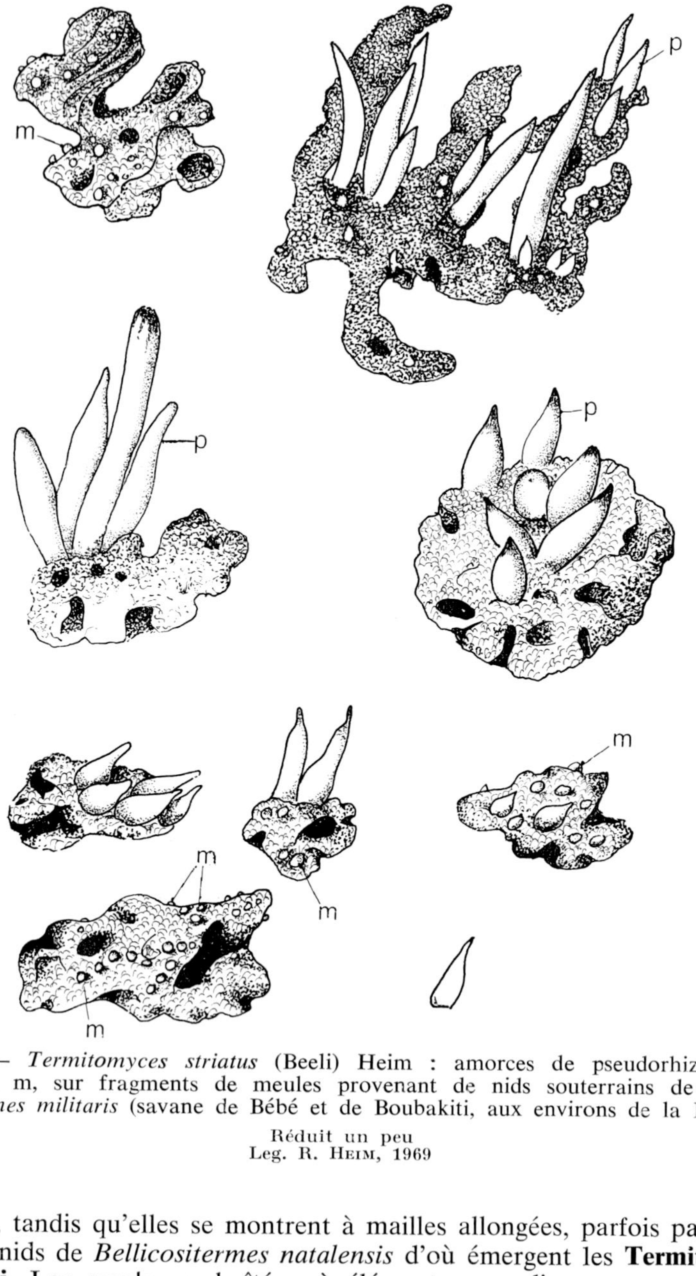

Fig. 6. — *Termitomyces striatus* (Beeli) Heim : amorces de pseudorhize, p, et mycotêtes, m, sur fragments de meules provenant de nids souterrains de *Pseudacanthotermes militaris* (savane de Bébé et de Boubakiti, aux environs de la Maboké).

Réduit un peu
Leg. R. Heim, 1969

ou petits, tandis qu'elles se montrent à mailles allongées, parfois parallèles, dans les nids de *Bellicositermes natalensis* d'où émergent les **Termitomyces Schimperi.** Les meules emboîtées, à éléments arrondis, sont propres aux constructions du *Termes minutus* d'après Grassé et supportent le **Termitomyces entolomoides** Heim, association que nous avons retrouvée fréquemment au Moyen Congo de Brazzaville (à Etoumbi). On peut classer approximativement les meules selon leur morphologie en *cérébroïdes-globuleuses* sans arêtes rectilignes, à alvéoles de petite taille, non allongés, et cloisons épaisses ; *polygonales,* petites, à mailles rondes, rarement allongées, parfois perforées, souvent plates, à arêtes rectilignes ou non ; en meules circulaires et concaves, *emboîtées,* à mailles régulières et cloisons oolithiques, et encore les meules grossières, incomplètes, *caillouteuses,* du **Termitomyces medius** HEIM, construites par l'*Ancistrotermes latinotus,* étudiées par GRASSÉ et HEIM.

Les meules liées plus ou moins directement au **Praetermitomyces microcarpus,** expulsé du nid avant sa fructification, peuvent être édifiées par des espèces différentes : *Termes vulgaris* HAV., *Odontotermes transvaalensis* SJÖST., *Odontotermes badius, Termes latericius.* Les meules, de taille variable, sont le plus souvent à alvéoles très irréguliers, fort inégaux, petits, vaguement arrondis ou allongés, ou quadrangulaires, les cloisons sont visiblement coolithiques, rugueuses, à proliférations émergentes. Les meules correspondant aux **Termitomyces striatus** et **aurantiacus,** propres à la savane, sont petites, très irrégulières, souvent plates, à alvéoles très petits et ronds, parfois allongés, forment des cavités qui percent le volume total de la meule, quelquefois accompagnés de formations primordiales ou pseudorhiziques de jonction unissant deux murs d'une même maille. Dans les meules portant le **Termitomyces fuliginosus,** on retrouve le même aspect que dans les précédentes mais à contour souvent rectiligne. (Fig. 6.)

CHAPITRE III

LES PROBLÈMES DE SPÉCIFICITÉ
CHEZ LES *TERMITOMYCES*

Les limites hors desquelles en général la spécificité peut être mise judicieusement en cause sont sous la dépendance de caractères dont la nature varie souvent avec le groupe même auquel on est confronté. Dans le cas des *Termitomyces* il y a peu de particularités dont la valeur taxinomique soit bien déterminante, très tranchée. Certains caractères qui participent à des distinctions interspécifiques sont déjà variables à l'intérieur même d'une espèce et sous la dépendance de critères écologiques eux-mêmes mobiles. Nous avons vu que le perforatorium correspond à un organe bien spécial dont la variabilité à l'intérieur du genre accentue l'intérêt, mais il oscille parfois d'un individu à un autre au sein de la même entité sans que ses particularités essentielles soient mises en défaut ; il est subordonné à la fois à la profondeur où se trouve la meule, aux dimensions de celle-ci, c'est-à-dire son pouvoir nutritif, et à la puissance ou la masse du pileus mais dans une certaine mesure seulement ; les notions, attachées généralement aux voiles et par conséquent aux anneaux et aux appendiculums membraneux, sont livrées à une embryologie labile et complexe, et les distinctions entre blématogène, voile partiel et voile marginal sont peu discernables. Les conditions de la croissance se montrent liées à des facteurs individuels comme le chemin souterrain à parcourir et par conséquent la localisation des mycotêtes génératrices des pseudorhizes puis les futurs carpophores. Le caractère de la présence ou de l'absence, ou de la rareté, des cystides hyméniennes et de leur forme est essentiellement et inexplicablement variable, par exemple dans le **T. microcarpus.** (C'est un indice probablement reliciel qu'on retrouve dans des composants de certains genres de Basidiomycètes, comme les *Melanoleuca*). Par contre, on ne peut guère s'appuyer sur les dimensions, la pigmentation et la forme sporales pour séparer les espèces : il y a une uniformité flagrante à ce propos. Au contraire, la tonalité colorée du revêtement piléique, les réactions oxydasiques produites sur la chair, avec le pyramidon en premier lieu et ensuite le gaïac, la vitesse de putrescibilité de celle-ci sont des indices relativement stables et fort utilisables, quantitativement, selon leur intensité, pour les distinctions spécifiques.

Nous avons déjà vu que de telles constatations trouvent un rare exemple dans le rattachement de la forme mineure, *microcarpus,* qu'aucun mycologue n'avait pensé à rapprocher des espèces majeures — les *Eu-Termitomyces* —, à tel point que la première est entrée dans trois genres, selon les auteurs, dont un seul — **Entoloma** — se raccordait à l'une des huit autres coupures génériques classiques auxquelles les précédents mycologues ont associé les formes de grande taille.

On s'explique donc qu'il ait fallu rencontrer de multiples spécimens dans la Nature, en des lieux propres aux vastes provinces géographiques où ces champignons symbiotiques se montrent, pour acquérir une idée précise de l'ensemble du groupe et des limites physionomiques de chaque entité. Seul, un même investigateur, susceptible de parcourir successivement de telles étendues tropicales, pouvait espérer y parvenir, à condition que la chance lui fît observer au moment propice, les fructifications recherchées, ce qui suppose des voyages répétés, et la faculté d'ouvrir de nombreux nids de termites. C'est ainsi que pouvait naître une assurance sur le degré de parenté taxinomique des formes en fonction du milieu.

Les problèmes de systématique se sont posés à tout instant et les premiers descripteurs pouvaient difficilement les résoudre à distance. On sait que si JUMELLE et PERRIER DE LA BATHIE n'ont pu comprendre les modalités de la biologie des champignons termitophiles à Madagascar, c'est bien parce qu'ils n'avaient pas pris directement contact avec les problèmes qui dirigent la fructification des espèces associées aux termites en Afrique et aux Indes, là où les *Macrotermitinae* existent, alors qu'ils sont absents de la Grande Ile, comme de l'Australie — ou de la Nouvelle-Calédonie. La comparaison des *Termitomyces* d'Afrique, des Indes et du Sud-Est s'imposait aussi, sur le terrain, si l'on voulait ne plus retomber dans les erreurs commises par les premiers descripteurs qui aient reçu des exemplaires de ces Agarics. Les entomologistes qui ont pu examiner sur place ces champignons et leurs termites associés — J. BATHELLIER en Indochine, et surtout P.-P. GRASSÉ et ses collaborateurs en Afrique Noire — ont ainsi aidé à une orientation nouvelle des questions soulevées par les auteurs.

En tout cas, il peut paraître singulier qu'un même mycologue de la réputation de BERKELEY ait pu attribuer plusieurs dénominations spécifiques et génériques à la même espèce : **Lepiota albuminosa, Lentinus cartilagineus, Armillaria eurhiza.** Cette circonstance s'explique par la variabilité même de l'espèce, celles de ses voiles en premier lieu, mais elle jette aussi une lumière sur le jugement fixiste des cryptogamistes du 19ᵉ siècle pour lesquels la notion de plasticité dont l'espèce fongique est fréquemment frappée n'apparaissait pas à son réel degré. Les diagnoses de ce même auteur révèlent la véracité de cette remarque : avec la Lépiote, c'est « *velo glutinoso obducto* » qu'écrit BERKELEY, avec le *Lentinus* « *in velum universale producto tectis* », avec l'Armillaire « *annulosa strato externo orto evanescente* ».

On comprend donc combien les inexactitudes, les distinctions insoutenables commises alors ont encombré par la suite la nomenclature, d'autant que les diagnoses en étaient si concises qu'ininterprétables. La Systématique porte actuellement les conséquences fâcheuses de ces aberrations, et, malheureusement, d'une façon générale, certains continuent de les exa-· gérer en les poursuivant pour des groupes différents.

LA PERSONNALITE DU GENRE TERMITOMYCES

Ainsi, de la précédente analyse résulte la définition précise du genre, c'est-à-dire la somme des particularités qui appartiennent à toutes les espèces qui la composent, sauf exception liée à l'action d'une adaptation très particulière compatible avec les relations essentielles auxquelles sont soumises toutes les espèces, mais distinctes d'elles. Nous pourrons retenir dans cette catégorie de propriétés celles qui sont présentes chez tous les *Termitomyces* mais qu'on retrouve en dehors dans quelques Agaricales, soit dans toutes les entités d'un genre, soit dans des cas isolés. C'est à ce groupe caractériel qu'appartient le clivage des feuillets, également propre à certains *Tephrophana* (ou Omphales) comme *atratum* et autres ; il est lié à la nature accentuée de la bilatéralité des lamelles.

Rappelons donc ici la diagnose du genre que nous avons publiée dès 1940 (*Etudes descr. et expér., Mém. Acad. Sc.,* t. 64, p. 69) :

Champignons agaricacés termitophiles, à primordiums croissant soit sur meules souterraines édifiées par les *Termes,* soit plus rarement dans la terre sur gazon mycotique expulsé des meules par les termites. Mycotètes hypogées, à structure radialement orientée, constituée de chaînes : 1° de sphérocystes, 2° de cellules ovales ramifiées dichotomiquement et de sporidies terminales, blastosporoïdes et binucléées, produisant en culture artificielle des colonies sphériques levuroïdes géantes et des coussinets blancs filamenteux ou poudreux. Voile général toujours primitivement épais (non dans *microcarpus*), persistant parfois en anneaux autour du stipe et en écailles sur le chapeau. Voile partiel variable, caduc ou formant un anneau supère, tombant, et strié. Voile marginal, généralement caduc ou à peine indiqué, formant parfois une cortine membraneuse annuliforme plus ou moins appendiculée autour du chapeau. Développement strictement angiocarpique. Revêtement peu séparable, palissadique dans la partie centrale, à éléments cloisonnés correspondant à un aspect souvent velouté, ponctué ou glabre, sans ou avec épicutis gélifiable, ridé radialement ou non. Mamelon en forme de perforatorium proéminent ou indiqué. Pseudorhize hypogée, souvent très longue, filamenteuse, d'abord fragile-cassante, puis fibreuse, presque toujours pleine comme le stipe qui la prolonge au-dessus du sol et dont le revêtement n'est pas différencié. Lames blanchâtres, rosâtres ou jaune-ocre clair, généralement libres entièrement, rarement adnées-décurrentes, souvent séparées du sommet du stipe par un collarium annulaire nu, non veinées, facilement clivables dans le sens longitudinal, à arête soit droite, soit inégalement denticulée, à structure régulière. Spores incarnates ou paille en masse, petites (longueur presque toujours $\leqslant$ 7,5 μ ; largeur généralement $\leqslant$ 5 μ), ellipsoïdes, sub-cylindracées, lisses, à membranes unique en général, sans pore germinatif, non ou peu amyloïdes et rougissant $\pm$ sous l'action de l'iode (*). Cystides presque toujours présentes, en général très abondantes, faciales et marginales. Chair du stipe continue avec celle de la région piléique centrale, compacte, sapide, à odeur faible. Teneur en urée nulle, en mannitol faible (entre 1 et 2). Réactions oxydasiques parfois très vives, notamment avec le pyramidon.

(*) Cependant BEELI signale comme amyloïdes les spores d'un *Schulzeria sierraleonis* BEELI, termitophile (*loc. cit.*, 138, p. 30), ce qui est sujet à caution.

CHAPITRE IV

LES MÉCANISMES BIOCHIMIQUES ET PHYSIOLOGIQUES DANS LES RAPPORTS SYMBIOTIQUES

La biologie des termites est placée sous le signe de leur alimentation et celle-ci dépend de la substance énergétique qu'ils peuvent utiliser et des moyens chimiques qui leur permettent de la transformer pour l'assimiler.

On sait que chez les termites inférieurs — *Mastotermitidae, Calotermes, Rhinotermes, Hototermitidae* — c'est par la voie de Protozoaires flagellés, d'une nature très particulière, localisée à une divarication de l'intestin postérieur de l'insecte, que les fragments de bois absorbés peuvent être tout d'abord décomposés par la fermentation anaérobie dont la cellulose est l'objet, aboutissant à une libération d'acides puis de leurs sels métabolisés lors de leur traversée de la paroi intestinale, par ces Isoptères.

Chez les *Macrotermitidae* ou Termites champignonnistes, le problème est différent ; ils ne possèdent pas dans leur intestin de Protozoaires mais seulement des Bactéries ; et c'est là que les meules, faites de boulettes de feuilles et de substance ligneuse mâchées, rejetées par l'insecte, interviennent par les corps qu'elles renferment : cellulose, lignine, glucides variés, protides, et notamment vitamines et acides aminés. Ce sont ces meules, et non comme on l'a cru longtemps les mycotêtes fongiques croissant sur elles, qui constituent les agents essentiels de l'alimentation des macrotermites. P.-P. GRASSÉ et CH. NOIROT ont établi en effet, confirmant, développant et démontrant l'opinion émise par J. BATHELLIER, que nous avions admise, que ce ne sont pas les mycotêtes qui constituent le réservoir nutritif des termites. GRASSÉ a remarqué que la localisation des mycotêtes sur les meules était liée à la décoloration de cette masse ainsi frappée d'une altération chimique, d'une digestion de la lignine, d'une libération de la cellulose. Tel est le rôle du *Termitomyces,* dont le termite profite indirectement. Quand toute la masse spongieuse et cellulosique de la meule a été soumise à l'action du champignon, l'insecte consommera celle-ci. « Le *Termitomyces* est adapté et inféodé aux meules. Les Termites champignonnistes utilisent celles-ci en tant qu'aliment préparé, enrichi en matières utilisables par l'action chimique du Termitomyces » (P.-P. GRASSÉ). Ce n'est pas seulement le champignon que consomme l'insecte, mais également la cellulose que l'Agaric aura débloquée dans la meule par son action directe et qu'attaqueront les Bactéries cellulolytiques vivant dans l'intestin postérieur des ouvriers termites. Fait remarquable, ces bactéries associées aux Macrotermites termitophiles appartiennent selon POCHON et ses collaborateurs au genre *Ruminococcus,* associé à la panse des Ruminants.

Ainsi se trouvaient démontrées et prolongées les suppositions que de notre côté nous avions adoptées dès 1940, et que nous précisions en 1943 à la suite de nos investigations en Côte d'Ivoire et en Guinée : « les rapports entre fourmis blanches et Agarics des meules ne s'intègrent pas dans l'explication anthropomorphique propagée par MAETERLINCK, mais elle est tout aussi remarquable et plus fertile. Elle nous livre un exemple, naturel et expérimental à la fois, de la genèse d'un groupe d'espèces — les *Termitomyces* — dont les caractères les plus nets sont liés à un phénomène remarquable d'adaptation à la dure conquête que les champignons ont tirée eux-mêmes de leur plasticité, de leur effort. »

Mentionnons enfin que P.-P. GRASSÉ a pu suivre à Paris, dans deux élevages de *Bellicositermes natalensis* (Pl. V) — ce termite d'Afrique tropicale qui construit des nids-cathédrales sur lesquels vient notamment le **Termitomyces Schimperi** —, les étapes vitales des diverses catégories de termites — grands et petits ouvriers, grands et petits soldats — qui, lorsque les meules furent vidées de leur substance, se rabattirent sur des fragments de bois « envahis par des mycéliums de champignons xylophages ».

Pour conclure, l'association est une symbiose en chaîne, et ne se réduit pas à une dépendance étroite entre les mycotêtes nutritives et les termites affamés. Les *Termitomyces* agissent par leur pouvoir envahisseur et destructeur sur le bois, les termites par leurs propres bactéries cellulolytiques qui leur ouvrent la disponibilité des éléments chimiques énergétiques.

La meule est indispensable, le champignon nécessaire dans toute la mesure où il agit sur la meule. La bactérie est obligatoire en tant qu'agent de la dégradation finale d'un aliment complexe dont la désintégration est préparée par le mycélium fongique, mais le champignon lui-même, la forme levure que constitue la mycotête, la forme filamenteuse que représente la pseudorhize, ne sont qu'auxiliaires qui livrent leurs hyphes à l'action chimique. C'est ainsi que quatre organismes sont groupés à cette symbiose complexe : 1° l'acteur principal : le termite ; 2° son partenaire : le champignon ; 3° et 4° les associés : la bactérie cellulolytique et le mycélium lignivore.

CHAPITRE V

CONSIDÉRATION SUR LE MODE DE SYMBIOSE EN CAUSE. LE CAS DES ATTA

Notre opinion à l'égard de tels liens ne s'éloigne guère aujourd'hui de la thèse que nous avons défendue dès 1942 et dont nous rappellerons l'essentiel : « On peut interpréter l'Agaric termitophile comme un commensal gêneur vis-à-vis du termite. La meule est une pièce maîtresse dans l'architecture du nid, une édification utile et délicate, marquée d'un raffinement en l'art de la construction et de l'aménagement dans lequel le termite est passé maître. Mais cette pièce étonnante a son point faible : elle est faite d'une matière qui convient aux champignons, c'est la raison pour laquelle ils croissent sur le substratum qu'elle constitue. » Ainsi, l'alternative se pose : le termite a-t-il édifié cette meule dans le but de cultiver le champignon et de s'en servir pour son alimentation, de même que le champignonniste cultive la psalliote dans sa carrière, ou bien cette meule, destinée à une tout autre opération — l'éclosion des larves sur un milieu homogène, bien également humide, ou mieux, comme l'estime P.-P. GRASSÉ l'action destructrice de la substance de la meule, libératrice d'une cellulose dont les bactéries vont transformer les grosses molécules —, s'est-elle ouverte à la conquête d'un champignon adaptable et bientôt adapté à un tel mode de vie ? Ici encore, plusieurs faits viennent infirmer ceux sur lesquels s'appuient les tenants de la thèse anthropomorphique. Des observations que nous avons renouvelées en Afrique puis aux Indes, après BOTTOMLEY et FULLER qui les ont mentionnées en Afrique du Sud, viennent nous apporter un argument de valeur : le fait que les termites expulsent hors du nid les mycotêtes liées à l'une des espèces de *Termitomyces,* le **T. microcarpus,** qui fructifiera, à la suite de ce geste, directement sur la terre, ou à peu de profondeur, sur le gâteau mycotique lui-même constitué par l'amas des primordiums. Dans ce cas, il n'y a ni longue, ni même courte pseudorhize, et le mamelon perforateur n'apparaît pas. Le geste du termite, ancestralement, a interdit au champignon de se plier en quelque sorte aux exigences d'une adaptation à la vie double qu'il eût dû mener, dans l'obscurité puis à la lumière ; autrement dit, cet exemple pose un fait nouveau dans l'interprétation définitive du rôle du champignon.

D'auxiliaire, ce dernier devient gêneur. Sa croissance n'est plus désirée par la population de la termitière. Il cause à celle-ci un souci, et les termites s'efforceront de l'éliminer en déportant les primordiums naissants qui iront fructifier plus haut, au-delà du nid, immédiatement sous la terre, près du sol. Le phénomène, nous avons pu l'observer à diverses reprises, à nouveau en août 1967, en Inde, surtout dans le Bihar, en pays santal. D'autre part, P.-P. GRASSÉ et NOIROT ont découvert qu'un Macrotermes, le *Sphaerotermes sphaerothorax,* construisait des meules sur lesquelles ne se développera jamais aucun champignon. Dans un autre Mémoire, publié en collaboration avec P.-P. GRASSÉ (1950), et propre aux meules et au *Termitomyces* d'un *Ancistrotermes* africain, nous avons mentionné la variabilité du comportement du termite à l'égard du champignon : parfois l'insecte circule sur la meule où il laisse son couvain sans se préoccuper du champignon ; quelquefois il vide de leur contenu les primordiums et les pseudorhizes ; enfin, il consomme fréquemment à la fois la matière de la meule et le champignon.

Ces indices contribuent à prouver la complexité des problèmes que posent les relations entre l'insecte et son commensal et, une fois de plus, la difficulté d'accepter la thèse classique du « Termite cultivateur de champignons », celle qui donnait à l'instinct de l'insecte une qualité supérieure le hissant au niveau du pouvoir de raisonnement de l'homme et touchant même à l'esprit inventif dont ce dernier croit avoir le monopole — ce qui est d'ailleurs sans nul doute erroné. En somme, sur le plan philosophique, cette opinion pouvait inspirer quelque modestie à l'assurance immodérée de l'espèce humaine. Mais cette théorie est battue en brèche par les observations récentes que nous venons de mentionner. L'instinct génial du termite — j'entends de l'espèce — n'en devient pas moins évident. Il existe une puissance collective dont le remarquable aboutissement se manifeste dans les mœurs des fourmis *Atta* qui, elles, consomment méthodiquement le gazon mycotique d'une Lépiote (*Leucocoprinus gongylophorus*), apparue sur les gâteaux de leurs nids et dont elles avaient répandu la semence. Ici la réalité de ce fait paraît indiscutable. Mais si le problème posé par les termites est très différent de ce dernier, il ne met pas moins en évidence, qu'elle qu'en soit l'explication, deux vérités.

L'une peut être formulée à la gloire de l'espèce, à la force instinctive qui a poussé celle-ci vers des réalisations architecturales et techniques remarquables. On peut évidemment parler d'une civilisation termite ; c'est la forme aveugle, la puissance combative, l'instinct créateur, sans cesse créateur, qui domine l'activité incessante du monde de l'insecte.

L'autre vérité peut être mesurée à la dimension de l'individu, attaché aux règles de la communauté de même que celle-ci l'est aux lois de l'espèce et l'espèce aux impulsions acquises du genre. L'individu, lui, est l'esclave, celui qui n'a qu'un droit, travailler sans arrêt, sans repos, et, s'il n'y a pas momentanément d'utilité à le faire, alors, qu'il continue selon l'imposition d'une *activité d'occupation.* L'individu termite, comme l'individu *Atta* d'ailleurs, est conduit à cette soumission, de même que l'esclave sur les galères. Ce qui ne veut pas dire que, dans ces immenses citadelles, le désir de s'échapper hors de la tâche qu'à tout instant la loi commune impose n'ait pas à sa place : le système D y pénètre, malgré l'attention draconienne de surveillants — les soldats.

La fructification parfaite des *Termitomyces* marque le succès du champignon sur le termite. Commensalisme ? Saprophytisme ? Symbiose ? Soumission ? Guerre larvée ? Cohabitation, oui, raisonnable : séparation à l'amiable. C'est LAMARCK qui a raison. Et quand le *Termes* disparaît, l'Agaric le suit, pour faire place au *Xylaria,* de même que sur le cadavre que la vie a quitté s'abat le vautour. Car le dernier mot n'est ni au termite ni au *Termitomyces,* l'un et l'autre conciliants. Il est au champignon saprophyte. A celui qui demeurera sur cette Terre, après nous, et même après le termite.

Quant aux rapports entre l'insecte et le champignon, inscrivons-les dans une sorte d'état d'équilibre où l'activité du premier se sert accessoirement de celle du second, où l'action propre à la puissance de développement du végétal acquiert un sens d'antagonisme, mais sans triomphe.

CHAPITRE VI

ÉCOLOGIE DES *TERMITOMYCES*

L'étude des poussées successives de fructification des *Termitomyces* selon le déroulement des saisons, et surtout au moment des ruptures climatologiques, correspond à l'un des phénomènes les plus intéressants auxquels s'applique la fructification des macromycètes dans les régions tropicales. Les premières pluies abondantes, marquant l'interruption de la saison sèche, ravivent la croissance des espèces mineures et hygrophiles dont le développement exige une humidité abondante : Omphalies, Mycènes, Collybies, Marasmes, qui a suivi la survivance des espèces de fin de période sèche dont les plus caractéristiques sont les *Cookeina,* formes mésophiles. Bientôt, après cette double étape, apparaît la période de croissance des Lépiotes, Psalliotes, Amanites, *Calvatia.* Puis s'étagent les *Termitomyces* avant la grande saison pluvieuse : successivement on voit croître les *Termitomyces* de forme claire du *striatus,* puis *aurantiacus,* ensuite la forme grise du *striatus,* puis la plus petite espèce *medius,* aux carpophores généralement avortés.

Dans la savane de Bébé près de Boukoko où nos observations se sont à plusieurs reprises succédé, nous avons recueilli deux *Termitomyces :* l'**aurantiacus** sur les meules plates, selon de nombreuses mycotêtes et beaucoup de pseudorhizes de jonction, le **griseus,** forme colorée du *striatus,* entièrement brun noir, qui se montre sous la forme d'amorces tronconiques de pseudorhizes à chair rougissante.

Mais les termitières à *Cubitermes* hospitalisent d'autres *Macrotermes* liés à la présence de deux sortes de meules distinctes : dont celles attachées au *T. aurantiacus,* et d'autres meules oolithiques propres aux débuts de pseudorhizes aiguës, avortant toujours, et correspondant au *T. striatus* de couleurs diverses.

C'est là que nous avons recueilli le **Bovista** sp. à ostiole muni d'une marge proéminente (savane de Bébé, près de Boukoko, R.C.A.) en mai 1969.

DEUXIEME PARTIE

SYSTÉMATIQUE DU GENRE *TERMITOMYCES*

Termitomyces nov. gen.

Agaricaceae termitophilae, primordiis in cavernulis nidorum *Macrotermitinarum* vigentibus, angiocarpae. Velo universo plerunque crasso, in squamas vel annulum cortiniformen in pileo vel stipite tunc rupto. Velo partiali nullo vel membranaceo. Peridio cute vix secernibili, atque non in medio, ubi velutina punctata est, vel glabra, radiatim rugosa, sicca vel epicute facile gelifacta. umbone figuram perforatorii praebente. Stipite plerumque in longissimam radicem producto, fere semper pleno. Lamelis pallidis, liberis, emarginatis vel dente decurrentibus, acie crenata, ab summo stipite annulo collarii figuram praebente et nudo separabilibus, totis in longitudinem fissilibus, concinna trama. Sporix ex incarnato stramineis, ellipsoideis, nunquam magnis, sine poro germinativo, non vel vix amyloideis. Cystidiis in lateribus aciebusque lamellarum semper praesentibus, intervallo vario distantibus, tunica refringenti. Carne stipitis cum pilei carne in parte media confluente, separabili autem ab ceteris partibus, compacta, sapida.

AVERTISSEMENT

La notion de stirpe — ou de section — introduite dans notre classement est ici rigoureusement artificielle. Sa seule utilité réside dans la clarification des clés succinctes ainsi présentées et qui peuvent faciliter les déterminations. L'inégalité dans la longueur des textes appliqués aux particularités descriptives essentielles s'explique par des raisons uniquement didactiques. Ainsi, le concept d'espèce chez le *striatus* et ses formes satellites repose sur des distinctions subtiles qui méritent d'être développées alors que le **Schimperi,** le **perforans,** le **lanatus** offrent des critères immédiatement utilisables, réductibles à un très petit nombre : plateau sommital, perforatorium pointu et valléculé, revêtement laineux. Les apparentements pourraient être énoncés parfois avec d'autres entités : **campanilus** et *mammiformis* présentent un perforatorium bosselé-scrobiculé alors que **spiniformis** et **clypeatus** en possèdent un physionomiquement très voisin : fort long et acéré. Le voisinage des espèces « majeures », *Schimperi, Le Testui* et *giganteus* reste tout à fait artificiel. En définitive, comment peut-on juger de l'importance relative des critères descriptifs ? On trouvera plus loin certaines considérations qui concernent ce problème général.

CHAPITRE VII

EU-TERMITOMYCES

Eutermitomyces

  Primordia cavernicolae in molis subterraneis vigentia; ex catenis cellularum globatarum blastosporarumque ovatarum radiatim dispositis constantia. Radice subterranea longa angustaque. Velo universo primum crasso; annulo nullo vel supero et striato, vel infero et cortiniformi, vel duplici. Margine pilei fere recta. Cute crassa, in medio vallata subcellulosa, in margine ex cellulis jacentibus, constante.

STIRPES	ESPECES
Stirpe striatus	*striatus type* fa *griseus* *aurantiacus* *entolomoides*
Stirpe mammiformis	*mammiformis* *spiniformis*
Stirpe Schimperi	*Schimperi* *Le Testui*
Stirpe robustus	*robustus* *fuliginosus* *citriophyllus* *globulus*
Stirpe clypeatus	*clypeatus*
Stirpe lanatus	*lanatus*

EU-TERMITOMYCES DE L'INDE

albuminosus

DÉFINITION DE LA STIRPE

STIRPE STRIATUS

CLES

Eu-Termitomyces de savane et bois clairs, à perforatorium conique-étalé ou petit, peu différencié. Réaction de la chair vive au pyramidon, nulle ou très faible à la teinture de gaïac. Cystides hyméniennes ni étroites ni cloisonnées, larges, voire volumineuses, faciales et marginales, émergentes, à membrane épaisse.

CLE DES ESPECES

Espèces de taille moyenne ; chapeau de couleur claire : blanche, crème, gris clair.

Voile variable, nul ou indistinct, ou caduc, ou farineux-pustuleux, ou membraneux et alors appendiculé ou annelé, parfois triple : général, marginal, partiel. Revêtement piléique un peu rimeux-strié ou gercé-sillonné. Stipe parfois légèrement excentrique, à longue et étroite pseudorhize blanche. Lamelles crème ± rosâtre. Chair ne se décomposant pas rapidement, à odeur de farine ou d'anis.
Meules petites difformes, très irrégulières, pertorées ± aplaties.

Chapeau dépassant rarement 12 cm de diamètre, clair, non orangé, du blanc à l'ocre ou au gris, avec ou sans voile, souvent à blématogène farineux, écailleux, rompu, péripédiculaire. Perforatorium conique-obtus. Lamelles blanc crème. Meules petites, très irrégulières, non emboîtées.

Toute l'Afrique Noire .... T. striatus (BEELI) HEIM
un anneau supère, tombant .... fa annulatus
pas d'anneau continu, mais souvent des débris appendiculés ou cortiniformes
chapeau gris clair .... fa griseus
chapeau crème ou ocre pâle .... fa ochraceus
Chapeau dépassant rarement 8 cm de diamètre, d'un orangé plus ou moins vif ; sans indice de voile. Perforatorium conique-aigu, parfois subtétiniforme. Lamelles blanchâtres. Meules petites irrégulières, non emboîtées. Surtout en Afrique équatoriale et aux Congo ex Léopoldville et Brazzaville .... T. auranticus HEIM

Espèce de taille petite et de couleur sombre

Chapeau ne dépassant pas 5 cm de diamètre, gris souris foncé ; sans voile. Perforatorium obtus, noir bleuté. Pied fortement renflé à la base, concolore au chapeau. Lamelles rose vif. Chair brunâtre dans le chapeau, à odeur ravique. Meules convexes ou hémisphériques à petits alvéoles très réguliers, formant des gâteaux orbiculaires en ruches d'abeilles, simples ou emboîtées. Congo ex Brazzaville .... T. entolomoides HEIM

DESCRIPTION DES ESPÈCES

1. Termitomyces striatus (BEELI) HEIM (1)

Pl. I, Fig. 1, a et b

LE CARPOPHORE

CARACTERES MACROSCOPIQUES

Le *chapeau* mesure le plus souvent de 4,5-7,5 cm de diamètre, atteignant 11 cm, rarement plus (14) ; il est d'abord cylindracé à bords appliqués le long du pied, conique-difforme, puis irrégulièrement campanulé, ou simplement convexe et muni, au centre, d'un umbo ou d'un épais mamelon, aigu ou obtus, pointu ou non au sommet, mais toujours en continuité de profil avec le corps principal du chapeau ; irrégulier, fendillé, même profondément déchiré sur le pourtour souvent fortement lobé-festonné ; puis étalé, enfin déprimé autour du mamelon qui reste alors proéminent, les bords, longtemps droits ou même quelque peu enroulés, pouvant se relever ; finalement, il est marqué de nombreuses et longues stries plus ou moins interrompues qui le couvrent parfois complètement.

Le *revêtement piléique* varie dans sa teinte, sa séparabilité et son aspect ; la zone marginale, étroite, est toujours plus claire, blanche, blanchâtre, crème, chamois pâle ; elle est le plus souvent surmontée d'une partie moyenne tirant sur l'ocre, la couleur café au lait, le chamois roux, voire vif, y compris le mamelon souvent bistre ou brun ocré. Telle est la forme-type : ocre ou jaune ocracé (c'est le *makombo* en langue eala). Dans la forme de couleur grise (« *Pluteus Gossensiae* » de BEELI, ou *montolo* en eala), tous les autres caractères sont identiques. La saveur de la chair est la même dans les deux formes : « délicieuse », mais l'odeur est complexe et variable : farineuse, spermatique, à la fois celle de la farine fraîche et de l'anis. Le revêtement est assez facilement séparable jusqu'à la base de l'umbo, mais peu aisément au centre où il se rompt parfois en petites écailles ; il est d'abord entièrement couvert de très fines granulations adhérentes, plus nettes au sommet, à peine esquissées à la périphérie, du moins au début. La striation marginale est variable, les plis radiaux pouvant atteindre la partie moyenne, et elle s'accompagne de fines fibrilles ocra-

---

(1) Nous avons livré une description très complète de l'espèce *striatus* à titre d'exemple et parce qu'elle est la plus commune en Afrique Noire.

cées ou gris clair et de petites mèches concentriques provenant des ruptures partielles et multiples de la peau.

Le *stipe* comporte deux étages successifs, distincts plus par leur position que par leur nature :

1° Une partie aérienne ou stipe proprement dit, le plus souvent puissant, robuste, parfois assez grêle, atteignant une dizaine de centimètres de hauteur mais le plus fréquemment 6 à 7 cm, de 6 à 25 mm de largeur, cylindracé ou difforme, contourné, s'élargissant vers le collet, notablement fibreux, fibro-strié, marqué de quelques fibrilles provenant de la rupture de la chair périphérique, blanc pur en haut, très pâle ailleurs. Ce pied se prolonge nettement à travers la chair piléique, de l'hypopile au mamelon, selon un coin anatomiquement solidaire de ce dernier et séparable de la partie restante du piléus, à structure radiaire ;

2° Une partie souvent épaisse, propre au collet, quelquefois bulbiforme, blanchâtre ou crème, s'amincissant rapidement et régulièrement ou non, souvent couverte de terre qui adhère alors au cortex en formant manchon.

La *pseudorhize* n'est que l'étirement souterrain du stipe, toujours très long, de 30 cm à un mètre le plus souvent, cylindrique, de diamètre à peu près constant, de 4 à 5 mm, blanc pur, à la fois fibreux et cassant, très fragile surtout dans la partie inférieure, la plus étroite, marquée ou non, sur une portion ou la totalité de la hauteur, de bourrelets ou d'écailles concentriquement groupés, de dimensions et de forme diverses, farineux plutôt que membraneux, aisément séparables, provenant d'un voile général.

A l'extrémité inférieure, point d'attache à la meule, on n'observe ni zone intercalaire différenciée, ni disque sclérifié, mais il existe une continuité avec l'emplacement de la mycotête.

Les *lamelles* sont très nombreuses — plus de 200 —, variables dans leur largeur et se rétrécissent insensiblement vers la marge piléique ; le plus souvent libres, elles se séparent de l'hypopile à leur extrémité postérieure en mettant à nu, par rupture, autour du sommet du pied, une place annulaire étroite. Leur arête est découpée d'échancrures irrégulièrement larges, mais non profondes ; leur couleur blanc rosé est toujours subtilement marquée de rose. Elles sont clivables, parfois échancrées-subdécurrentes.

La *chair* est ferme mais fibreuse, à la fois spongieuse et compacte. Sur les échantillons non complètement développés, elle offre une épaisseur relativement énorme dans la partie centrale où elle peut atteindre 2 cm sur un piléus de 6 cm de diamètre. La zone de séparation entre les deux textures, bien visibles à l'œil nu sur une coupe longitudinale, peut se gélifier partiellement, rendant aisée la séparation entre le chapeau et le prolongement intrapiléique du stipe. Elle est blanche sauf dans le revêtement, brun ocre foncé, et immédiatement au-dessous (gris ocracé clair) ; de saveur douce, d'odeur agréable, rappelant la farine et l'anis, et parfois (f. *annulatus*) un peu spermatique.

CARACTERES CHIMIQUES

Le gaïac ne réagit pas ou faiblement sur la chair, le gaïcol nettement, le pyramidon avec une vive intensité.

CARACTERES MICROGRAPHIQUES

Les *spores,* dont la couleur et la forme sont celles du genre, mesurent 6,5-7,7 × 4-5 μ. Les basides, tétraspores, de 22-25 × 7-8 μ sont accompagnées de nombreuses *cystides* volumineuses, faciales et marginales, ovoïdes, piriformes, cylindracées, à long et étroit pédicelle, à membrane assez épaisse et réfringente, de 20-45 × 11-22 μ. (Fig. 7, 8, 9.)

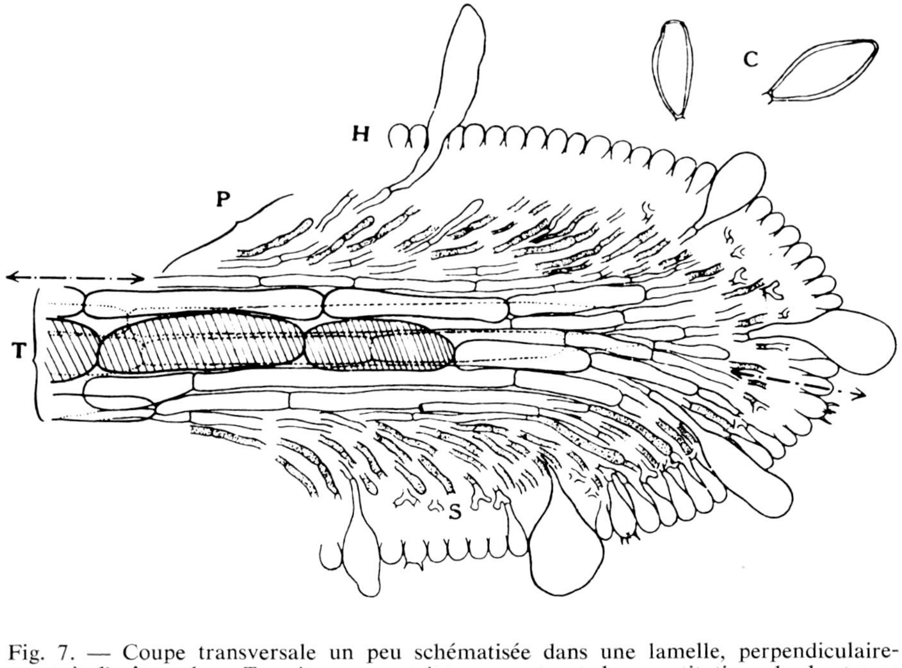

Fig. 7. — Coupe transversale un peu schématisée dans une lamelle, perpendiculairement à l'arête, chez *Termitomyces striatus,* montrant la constitution de la trame régulière T, de l'hyménopode divergent P, du sous-hyménium branchu-rameux et de l'hyménium H, avec les cystides C, faciales et marginales. Les flèches indiquent le sens et le lieu de la clivabilité des lamelles. En trait hachuré, on a figuré trois cellules de médiostrate.

HABITAT ET REPARTITION GEOGRAPHIQUE

Espèce commune, propre aux savanes et lieux cultivés, la plus fréquente dans l'Afrique Noire aussi bien occidentale qu'équatoriale, notamment en Haute et Basse Guinée, Sierra-Leone, Côte d'Ivoire, Cameroun,
Congo ex français et ex belge (Bas Congo, district forestier central), Cen-

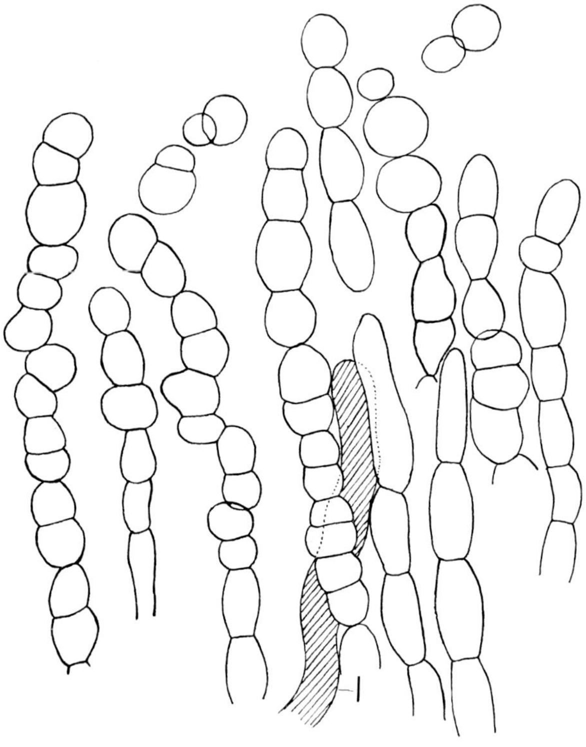

Fig. 8. — *T. striatus* : coupe longitudinale radiale à travers le mamelon du chapeau,
mettant en évidence les chaînes de cellules ovoïdes souvent groupées par deux ;
en 1, un laticifère.

Gross. 750

trafrique, sur des nids de plusieurs espèces de termites. Parfois (Congo-
Brazzaville) la pseudorhize s'insère sur un indice de disque basal induré,
bien moins individualisé que celui que nous avons décrit et figuré chez
le *Termitomyces fuliginosus*. Il est à noter que la récolte de centaines
d'échantillons de *striatus* ne nous a jamais révélé ce même dispositif. Cette

remarque nous a conduit à penser que cette particularité morphologique reste liée, comme d'autres, aux circonstances locales.

En Afrique centrale, l'espèce *striatus* coexiste fréquemment avec l'espèce *aurantiacus* que nous avons tout d'abord caractérisée comme une variété de la première à chapeau jaune orange ; de nouvelles récoltes nous incitent à l'en séparer spécifiquement.

Parfois, *striatus* domine (savanes de la Maboké, R.C.A.), parfois c'est l'inverse (palmeraies d'Etoumbi, Congo-Brazzaville).

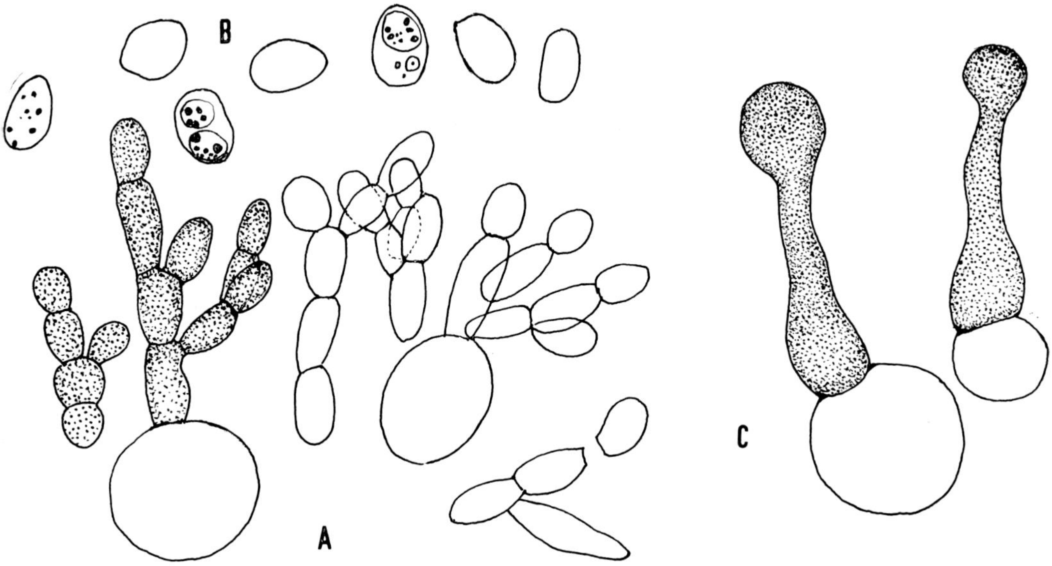

Fig. 9. — Eléments constitutifs d'une mycotête naturelle du *Termitomyces striatus*. A, files de conidies-levures ovoïdes, à ramifications dichotomes, naissant sur les sphérocystes ou cellules sphériques ; B, conidies levures isolées ; C, éléments columnifères à silhouette en haltère, naissant sur les sphérocystes à la périphérie des mycotêtes.

Gross. 800

Cette espèce est très proche du *Termitomyces albuminosus* (ou *cartilagineus*) venant sur meules de *Odontermes Horni* et *obesus* en Asie méridionale, mais elle doit en être séparée. Comme le *Termitomyces aurantiacus* dont elle se rapproche aussi par les petites meules, identiques, elle est en relation avec le *Pseudacanthotermes militaris,* et probablement avec plusieurs autres *Macrotermes*.

2. **Termitomyces aurantiacus** HEIM
Pl. I, Fig. 3.

Termitomyces striatus var. **aurantiacus** nov. var.

A typo differt colore aurantiaco vel intense rubro pilei, odore nullo, candido colore lamellarum, stipite paulum excentrico et spori paulo minoribus (5,5-6,5 × 3,5-4 μ).

LE CARPOPHORE

CARACTERES MACROSCOPIQUES

Le *chapeau,* de taille moyenne ou assez petite, de 5 à 8 cm de diamètre en général, exceptionnellement plus, est rarement étalé voire relevé sur les bords, mais longtemps galériculé-aigu, puis fortement bombé-mamelonné, convexe-mucroné, le plus souvent à marge infléchie ; il se montre finement sillonné sur celle-ci, ou plus généralement sur la partie médiane du piléus où apparaissent des sillons scrobiculés radiaux s'allongeant sur les 2/3 du rayon et également des fissures allongées, souvent accompagnés de veines verruqueuses inégales, discontinues, concentriquement groupées : glabre, privé d'indice de voile ou de mèches farineuses, il est monochrome, ocre roux vif ou orangé au milieu, brun orangé, voire brun noirâtre sur le perforatorium ; parfois le chapeau est plus clair au centre.

Le *revêtement piléique* est séparable jusqu'à la base du mamelon qui apparaît conique, aigu puis obtus, toujours pointu, mais peu individualisé, sauf chez les jeunes où il prend la forme d'un petit bouton un peu plus brun, donc en continuité avec le profil du chapeau, brun roux ou concolore.

Le *stipe,* cylindracé, émerge assez longuement hors du nid, il est un peu plus étroit (0,7-0,8 cm) sous l'insertion sur le chapeau où il atteint 0,9-1 cm de diamètre, quelque peu renflé au collet (0,8-1,2 cm), très souvent légèrement excentrique ; blanc ou blanchâtre, ocracé pâle vers la partie inférieure de la portion aérienne, à peu près glabre, rarement marqué de fines mèches espacées, privé d'anneau et de bourrelet ; aisément énucléable du chapeau, il s'amincit en une longue, étroite et fragile pseudorhize blanche atteignant 20 à 25 cm de hauteur, et ne porte à l'insertion de la pseudorhize sur la meule aucun indice de disque sclérifié.

Les *lamelles* sont serrées, libres, assez étroites (≤ 6-7 mm), accompagnées de nombreuses lamellules, d'un blanc nuancé de carné très subtil, se clivant et se séparant facilement de l'hypopile.

La *chair,* ferme, assez cassante, blanche sauf dans le revêtement, d'une exquise saveur, avec un arrière-goût de noisette, presqu'inodore, se décompose moins rapidement que celle des autres espèces.

CARACTERES CHIMIQUES

Le gaïac reste inactif, le pyramidon conduit à une réaction très vive dans le pied et les lames.

CARACTERES MICROGRAPHIQUES

Les *spores* mesurent 5,5-7,5 × 3,8-4,8 μ. Les *cystides* sont nombreuses, faciales et marginales, piriformes, ovoïdes vésiculeuses, plus souvent utriformes et alors fréquemment étranglées, ou portant au sommet un appendice arrondi ; à membrane sensiblement égale et assez épaisse ; nettement émergentes (10-20 μ), mesurant 12-14 μ de largeur, 2-3 fois plus hautes que larges. (Fig. 10.)

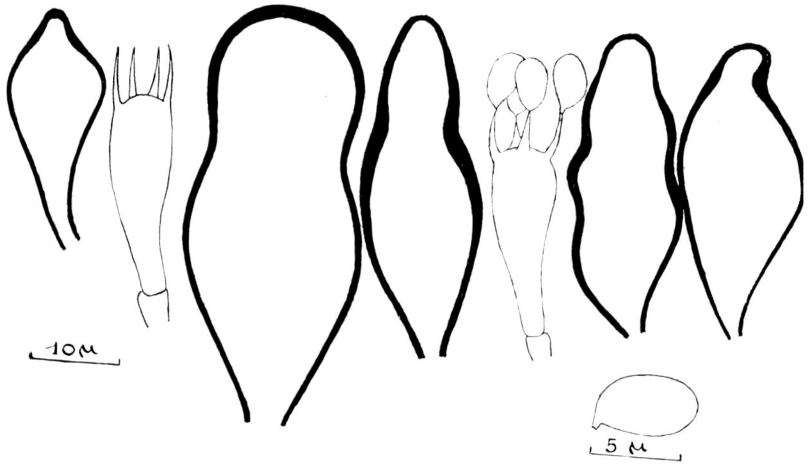

Fig. 10. — *Termitomyces aurantiacus* : basides, cystides hyméniennes (x 1500) et basidiospores (x 3000).

HABITAT ET REPARTITION GEOGRAPHIQUE

Cette espèce, très proche du *Termitomyces striatus,* à tel point que nous l'avons tout d'abord décrite comme variété de celle-ci, s'en distingue spécifiquement par son chapeau ocre roux ou orangé, plus ou moins monochrome, jamais gris, et généralement plus petit, parfois un peu excentrique. Elle n'a été recueillie, à notre connaissance, qu'en Afrique équatoriale (Congo-Brazzaville, R.C.A.) et au Congo ex belge (district forestier central et Bas-Congo). Elle apparaît non seulement en savane herbeuse ou brûlée, mais dans les lieux défrichés, les plantations de caféiers et d'*Elaeis,* les chemins, les jardins. Elle semble préférer la terre sablonneuse.

LES MEULES ET LES TERMITES

Cette espèce croît sur meules cérébroïdes, un peu aplaties, très irrégulières, petites, de 2-4 cm de longueur, de 1,5-2,5 cm de largeur environ, à profil souvent partiellement rectiligne, marquées de cavités longitudinales et alors ouvertes des deux côtés à l'extérieur de 3-4 mm de large, et de perforations transverses soit de même diamètre que les précédentes, soit plus étroites (1-2 mm de diamètre).

Ce *Termitomyces* est lié aux nids du *Pseudacanthotermes militaris* et probablement d'autres macrotermites.

Pour les caractères anatomiques des mycotêtes, on se reportera aux descriptions, conformes, du *Termitomyces striatus*. (Fig. 11.)

Fig. 11. — Meules propres au *T. aurantiacus* Heim, montrant les traces de mycotêtes broutées par les termites.
Gross. 2

3. Termitomyces entolomoides HEIM
Pl. II, Fig. 1, a, b, c, d.

Termitomyces entolomoides HEIM

Pileo parva statura (plerumque 3-4 cm lato), mucronato, subtiliter striato, glabra, intense marino ; perforatorio non valleculato, obtuse conico, chalibaeo. Stipite brevi, summo subito dilatato, e fusco chalibaeo, in longam tenuemque griseam, pseudorrizam attenuato. Lamellis intence roseis. Carne firma, raporum odore, saccharino sapore.

Mycocapitibus gignentibus ex semiglobatis molibus, cavis, saepe aliis in allia injunctis (1-2), loculamentis alvearium modo perforatis Basidiosporis 6,2-6,6 × 4-4,2 μ. Cystidiis brevibus, ad 30 × 12-32 μ. Congo.

LE CARPOPHORE

CARACTERES MACROSCOPIQUES

Le *chapeau,* de petite taille, mesure généralement 4 cm et ne dépasse pas 4,5 cm ; il est d'abord convexe puis s'étale en demeurant mamelonné-mucroné, se relève ensuite sur les bords qui sont finement striés-sillonnés, plutôt rimeux jusqu'à la marge du mamelon ; glabre, dépourvu de tout indice net de voile, il apparaît parfois ponctué de mèches farineuses très subtiles ; sa teinte d'un gris souris foncé est monochrome ; le derme se montre presqu'entièrement séparable, jusqu'à la base du mamelon. Le perforatorium obtusément conique, assez puissant, demeure faiblement individualisé, en continuité avec le profil piléique ; il est noir ou noir-bleuté, très légèrement blanchissant, finement rugueux, pointu mais non acéré et largement obtus.

Le *stipe* est cylindracé et relativement court dans sa partie aérienne plus brève que le diamètre du chapeau, de 4-7 mm de large, puis fortement et brusquement renflé-bulbeux au collet où il atteint 1 cm de large ; d'un brun noirâtre bleuté, concolore au chapeau, ou à peine plus clair, plein, il apparaît presque glabre, ponctué de petites mèches blanches ; audessus du bulbe il s'amincit en une très longue pseudorhize, grêle, de teinte grisâtre.

Les *lamelles* sont serrées, plutôt larges, échancrées-adnexées, d'une coloration d'abord ivoire glaucescent rosé, puis nettement roses, enfin intensément de cette teinte, à arête presqu'entière ; elles se clivent aisément.

La *chair* est ferme, plutôt cassante, brunâtre sous les revêtements piléiques et pédiculaire, d'un brun plus clair dans le chapeau ; son odeur est faiblement ravique, sa saveur finement et agréablement sucrée.

CARACTERES CHIMIQUES

La réaction oxydasique apparaît vive avec le pyramidon ; elle est nulle avec le gaïac.

CARACTERES MICROGRAPHIQUES

Les *spores* mesurent 6,2-6,6 × 4-4,2 μ. Les basides, piriformes allongées, sont larges de 7-8 μ, tétraspores. Les *cystides* piriformes, globuleuses ou allantoïdes, sont larges, courtes, peu émergentes, communes sur l'arête, rares ailleurs, de 12-32 μ de large, d'une trentaine de μ de hauteur.

HABITAT ET REPARTITION GEOGRAPHIQUE

Assez fréquent en février-mars dans la palmeraie d'Etoumbi (Congo-Brazzaville) et les environs.

LES MEULES ET LES MYCOTETES

Les mycotêtes, normales, sont nombreuses sur les meules qui se montrent assez profondément souterraines, à 30 ou 40 cm. Ces dernières forment des gâteaux régulièrement bombés, presque hémisphériques, concaves, épais de 5-9 mm, entièrement, obliquement et très régulièrement perforés d'alvéoles en ruches d'abeilles, le plus souvent hexagonaux et de 2-3 mm de diamètre, parfois allongés, de 8 × 2 mm environ, séparés par des cloisons à revêtement oolithique de 1 mm d'épaisseur en moyenne. Ces gâteaux, qui sont marqués par une architecture délicate très remarquable, sont isolés ou emboîtés l'un dans l'autre au nombre de 2 ou 3. (Fig. 12, photo.)

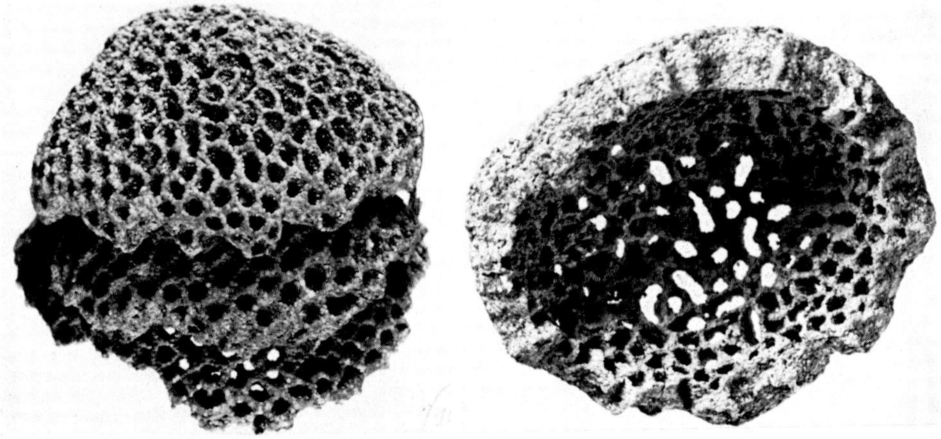

Fig. 12. — Meules propres au *T. entomoloides* Heim, en bas, à gauche, telles qu'elles se trouvent, emboîtées dans le nid ; à droite vue par en dessous. Etoumbi, Congo-Brazzaville.

Phot. R. HEIM

OBSERVATIONS

Nous avons recueilli cette espèce toujours sur les mêmes meules très décoratives à alvéoles en ruche d'abeilles, constituant des secteurs de sphères très régulièrement canaliculés, et uniquement au Moyen Congo-Brazzaville.

Cette espèce se distingue aisément de tous les autres *Termitomyces* et occupe à ce propos une place privilégiée. Si sa couleur entièrement foncée — chapeau et pied — et l'absence apparente de voile, même général, suggèrent une miniature de *Termitomyces fuliginosus* ou, mieux, de *robustus,* ses affinités, confirmées par sa taille petite, et ses réactions oxydasiques, la conduisent vers le groupe *striatus* et les formes voisines du *Prae-Termitomyces.*

Presque toutes ces particularités, bien constantes, en font en tout cas une entité morphologiquement très isolée : la couleur sombre des organes végétatifs tirant au sommet sur le bleu noir et celle des lames d'un rose très accentué, presque rouge, donnent du champignon par leur ensemble une image rappelant l'*Entoloma Bloxami*. Enfin, le bulbe basal du pied, qui émane de la pseudorhize et semble achever le stipe à sa base, est tout à fait caractéristique, et peut être interprété comme un tubercule secondaire de réserve nutritive. Il suggère une ressemblance avec le *Termitomyces striatus*, parfois muni de cette même proéminence bulbiforme.

STIRPE MAMMIFORMIS

DEFINITION DE LA STIRPE

Perforatorium très différencié, fuligineux et scrobiculé-bosselé. Espèces de taille moyenne, à voile annuliforme, ou appendiculé, ou apparemment nul.

CLE DES ESPECES

Chapeau de couleur blanche, sauf le perforatorium brun noir, sculpté-scrobiculé, conique, fortement valléculé, donc très indépendant du reste du chapeau. Voile membraneux, très variable .... *T. mammiformis* Heim

Chapeau de couleur grise, striolé radialement, à long perforatorium en continuité avec le profil piléique, fuligineux, bosselé, très aigu. Voile membraneux indistinct. *T. spiniformis* Heim (1)

1. Termitomyces mammiformis Heim

Pl. II, Fig. 2, e, f, g, h, i.

Termitomyces (Eu-termitomyces) **mammiformis** nov. sp.

Velo universo primum crasso et ex cellulis globatis constante. Peridio primum globato, dein convexo, tandem expanso, vix reflexo in estriata margine, 4-7 cm lato, luteolo vel gilvo, circum albido; umbone firmo, metali, valleculo separato, sursum acuto, brevibus rugis variegato, umbrino. Cute in resimas squamulas huc illuc rupta, parum secernibili, glabrescenti, nuda. Stipite terete, albo, vix fuscescenti, pleno, maxime fibroso, in longam angustamque radicem per terram producto, semper velo cortiniformi membranaceo, saepe appendiculato circum marginem atque squamis annulum quemdam constituentibus, saepe quoque tenui velamento supero, demisso, striato. Lamellis fere liberis vel emarginatis, plurimis, latiusculis, paulatim ad marginem angustatis, eburneis totis fissilibus, acie incomposite serrulata. Carne firma, in stipite cum parte media pilei confluente, facile autem ab parte circumsita separabili, candida,

---

(1) Par la forme et l'importance du perforatorium, fort aigu, cette espèce peut être également rattachée à la stirpe des *Clypeatae*, à côté du *T. clypeatus* dont elle se sépare par la sculpture du perforatorium.

odore obsoleto raparum. Sporis ellipsoideis, paulum cylindratis, 6-7 × 3,4-4 μ, vix amyloideis. Basidiis tetrasporis elongatis piriformibus. Plurimis cystidiis in lateribus aciebusque lamellarum, tunica crassiuscula refringentique. — In molis, in nidis subterraneis Pseudacanthotermitum Acanthotermitumque vigens, initio temporis pluviarum, in Alta Guinaea (mense aprili).

LE CARPOPHORE

CARACTERES MACROSCOPIQUES

Le *chapeau* atteint 8,5 cm de diamètre, généralement un peu moins (6-7 cm) ; tout d'abord hémisphérique à profil légèrement polygonal, puis régulièrement convexe, enfin étalé, il est toujours réfléchi sur les bords ; non ou à peine strié radialement jusqu'au milieu du rayon, il se montre souvent gercé dans ce sens, ponctué de nombreuses petites écailles grisâtres, pustuleuses, farineuses, concentriques, caduques, dont l'assemblage forme des sortes d'ondes circulaires s'espaçant de plus en plus vers la marge, sur fond crème rosé, presque blanc dans la partie périphérique, plus foncé vers le centre (gris ou gris ocré) ; le derme se sépare jusqu'à la base du mamelon. Le perforatorium est turbiniforme, cylindro-conique, très différencié, souvent pointu au sommet, plus rarement en pain de sucre, scrobiculé-ridé ou tuberculeux-rugueux, brun foncé ou brun noir, de consistance très dure.

Le *stipe* est d'abord lié au chapeau par un anneau supère, tombant, ou par un bourrelet annuliforme constitué de deux strates et qui, après rupture, subsiste momentanément sur le pied sous forme de débris appendiculés, qui disparaissent ensuite ; irrégulièrement cylindracé, légèrement renflé dans la partie correspondant au collet, puis s'amincissant en une très longue pseudorhize cylindrique, blanc pur, extrêmement fragile, marquée de bourrelets interrompus et inégaux formés de pustules farineuses, reliques du voile général, il apparaît très fibreux, plein, entièrement blanc maculé d'ocracé.

Les *lamelles* sont serrées, larges, échancrées-adnées, blanc carné sale, se clivant aisément.

La *chair* se révèle ferme, cassante, blanche, à fine odeur de levain, non de rave, à saveur agréable.

CARACTERES CHIMIQUES

Réactions oxydasiques nulles : gaïac, ou peu sensible ; pyramidon.

CARACTERES MICROGRAPHIQUES

Les *basidiospores* de 5,6-6 × 3-3,5 μ, sont obovoïdes-cylindracées à contour un peu aplati sur les arêtes en profil dorsiventral. Les basides piriformes, allongées, tétraspores, mesurent 22-25 × 5,5-6 μ. *Les cys-*

tides sont nombreuses, faciales et marginales, piriformes, ovoïdes, vésiculeuses ou plus souvent utriformes ou étranglées, ou acuminées, ou se terminant en appendice arrondi, à membrane égale et assez épaisse, nettement émergente (10-20 μ) ; mesurant 9-26 μ de largeur, 2-3 fois plus hautes.

Le revêtement hyménial est le même sur tout le contour de la lamelle, la forme des cystides demeurant indépendante de leur position ; la marge lamellaire peut donc être homomorphe, mais la multiplicité fréquente des

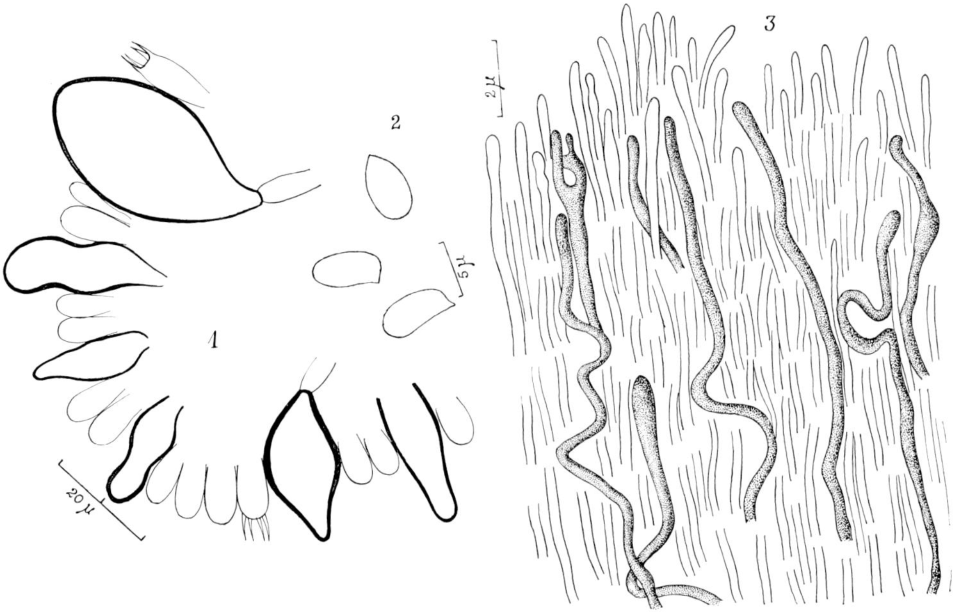

Fig. 13. — *Termitomyces mammiformis* : 1, fragment d'une coupe dans l'hyménium avec les cystides marginales et faciales ; 2, basidiospores ; 3, coupe longitudinale dans le mamelon piléique montrant la palissade semée d'hyphes cylindracées et la présence de nombreux laticifères.

cheilocystides, sur cette crête peut la rendre presqu'entièrement stérile, et alors hétéromorphe.

La structure du mamelon fait apparaître une palissade serrée d'hyphes parallèles, rarement cloisonnées, cylindriques, généralement de 3-3,7 μ de large, accompagnées de nombreuses hyphes lactifères, sinueuses, contournées, flexueuses ou droites, de 2-3 μ de large en général, simples ou à extrémité bifide, voire trifide, non cloisonnées, renflées çà et là et à la terminaison supérieure, mais non brusquement, et atteignant alors 5-6 μ de large, remplies d'un fin plasma opaque et réfringent. (Fig. 13 et 14.)

HABITAT ET REPARTITION GEOGRAPHIQUE

Région de Macenta (Haute Guinée) (avril 1939), de Kindia (Moyenne Guinée) (septembre 1946) ; d'Etoumbi (Moyen Congo) (février 1948) ; Binga (District forestier central du Congo ex belge) (octobre 1928) ; (District du Bas Congo) (= *Lepiota congolensis* var. *valensis* BEELI).

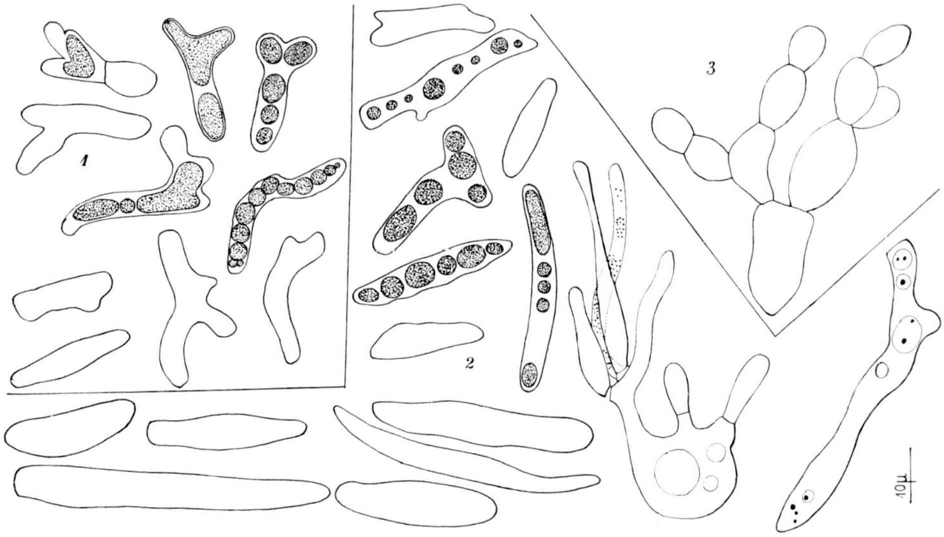

Fig. 14. — *T. mammiformis* en cultures artificielles : 1, blastospores obtenues après 35 jours sur milieu de Hérissey, à partir de la chair de la pseudorhize (Guinée) ; 2, dans les mêmes conditions sur milieu de Sabouraud ; 3, bouquet de cellules-blastospores.

Réduit de moitié

OBSERVATIONS

Nous rattachons les exemplaires du Congo ex belge, mentionnés ci-dessus, examinés secs, privés de toute note descriptive, à l'espèce que nous avons décrite et figurée sur de multiples échantillons récoltés nous-même en Guinée et au Congo ex français, mais bien entendu, l'état de tels documents nous incite à considérer ces premières déterminations comme suspectes. C'est à l'état frais, ou au moyen de notes ou de croquis, qu'une telle position spécifique pouvait être confirmée. En tout cas, ce *Termitomyces* est bien reconnaissable à la nature hétérogène de son voile et à celle de son perforatorium hautement individualisé et scrobiculé.

2. **Termitomyces spiniformis**   NOV. SP.

Termitomyces spiniformis HEIM nov. sp.

Pileo extenso plurimum 6-8 cm lato, pallidissime ex ochraceo. Perforatorio longo, acute conico, exsculpto, pseudorrhiza longa, adulta in parte emergente albida, in subterranea sordide ochracea. Lamellis latis stipatisque, albidis. Sporis 6,5-7 $\times$ 4,5-5,5 μ. — In terra compacta, ad Boukoko (R.C.A.). VIII, 1965.

Espèce recueillie aux environs de la Maboké, en savane, une seule fois. Elle est reconnaissable à son énorme et long perforatorium en continuité avec le profil piléique. Ce mucron dominant, fuligineux, foncé, est couvert entièrement de petites bosses qui rappellent la sculpture du perforatorium du *Termitomyces mammiformis,* ce dernier arrondi, petit, très individualisé, et valléculé, alors que le puissant mucron du *Termitomyces spiniformis* est acéré comme celui du *Termitomyces clypeatus*. Il coiffe et domine en quelque sorte un chapeau de taille moyenne (6 à 8 cm de diamètre), d'un gris souris un peu ocré, entièrement strié de lignes radiales, et que porte une pseudorhize, longue et relativement fluette, blanchâtre à l'état adulte dans sa partie supérieure, ocracé sale dans le trajet souterrain. Ainsi le perforatorium de cette espèce occupe une place entre celles de *mammiformis* par son ornementation et de *clypeatus* par sa morphologie (Voir fig. 4, n° 6 et 7).

STIRPE SCHIMPERI

DEFINITION DE LA STIRPE (1)

Espèces de grande taille, soit à perforatorium, soit à plateau sommital, l'un ou l'autre puissant.

CLE DES ESPECES

Pas de perforatorium physionomiquement différencié.
   Espèce gigantesque, dont le chapeau atteint 30 cm de diamètre, privé de perforatorium organisé, mais muni au sommet d'un plateau puissant, ferme et coloré en brun noirâtre, en continuité avec le profil piléique ; blanc ailleurs, à grosses écailles pustuleuses . . . .   *T. Schimperi* (PAT.) HEIM

Un perforatorium cylindrique bien différencié.
   Espèce d'assez grande taille, dont le chapeau dépassant parfois 20 cm de diamètre, ponctué-velouté, brun, brun fauve, est muni généralement d'un perforatorium très individualisé, cylindrique, lisse, concolore . . . .   *T. Le Testui* (PAT.) HEIM

---

(1) Par commodité et simplification, nous réunissons dans un même groupe ces deux espèces, d'autre part bien distinctes, en nous appuyant sur le caractère de la puissance, sans aucun doute fort subjectif.

1. Termitomyces Schimperi (PAT.) sensu HEIM

LE CARPOPHORE

CARACTERES MACROSCOPIQUES

Le *chapeau* est énorme, atteignant 25 à 30 cm de diamètre à l'état adulte. Jeune, entièrement enveloppé du voile général et de ses débris, il affecte la forme d'une massue resserrée en son milieu et en continuité avec la pseudorhize, mesurant alors de 20 à 35 cm de hauteur, de 5 à 15 cm de largeur en sa partie apicale ; à cet état il atteint un poids de 180 à 450 g, avant la rupture de son enveloppe véliforme. Après cette séparation, il se montre globuleux, aux bords recourbés-infléchis, puis s'étale en demeurant convexe mais non involuté à la marge. Le centre comprend une large plaque brun-noir constituant un plateau sommital presque plan, fissuré, ou à la fois ponctué de granulations denses et de mèches concolores qui gagneront le reste du chapeau, parfois jusqu'au pourtour, en se raréfiant, s'individualisant, s'épaississant, distantes ou groupées, grossièrement tuberculeuses, de consistance charnue-grenue. Mais il arrive que ce plateau induré et noir soit remplacé par une masse compacte surélevée, équivalente à un énorme perforatorium (Fig. 15, photo), informe ou cylindracé, à la mesure de la taille considérable du carpophore. Il peut survenir encore que ce piton volumineux se confonde avec le chapeau lui-même, ne constituant plus qu'un massif tronconique terminé à sa base à la fois par un rebord prépuciforme (p. ex. largeur en haut 5 cm, en bas 7,6 cm, hauteur 6,5, largeur de la pseudorhize à l'insertion 5 cm), le corps de ce casque piléique étant gercé, veiné, ou écailleux, ou à la fois l'un et l'autre.

Le *stipe* est puissant, cylindracé sur la plus grande partie aérienne où il atteint 2,5-5 cm de large, se renflant parfois au collet en une masse bulbiforme, brusquement aminci en une longue pseudorhize blanche couverte, ou non, çà et là, de grossières écailles membraneuses, blanches, irrégulières, ou, plus tardivement, de tigrures brun foncé.

Les éléments du *voile général* subsistent sur le chapeau et souvent sur la partie supérieure du stipe en écailles pustuleuses brunes, surtout sous le plateau terminal, où elles apparaissent carrées et assez plates par rupture, et, par endroits, quoique distantes sur le reste du revêtement piléique, jusqu'à la marge ; mais des écailles, en débris plus épais et blanchâtres provenant du voile général, peuvent aussi recouvrir le chapeau et le sommet du pied en plaques pareillement carrées. Autrement dit, il y a duplication des reliques véliformes, colorées ou incolores, minces ou épaisses, écailleuses ou tuberculeuses, formant deux revêtements discontinus et superposés, parfois malaisés à séparer, et dont la distinction relève, non d'un ordre dans le développement, mais de la constitution propre à chaque carpophore.

Fig. 15 et 15 bis. — *Termitomyces giganteus* Heim. Echantillons jeunes et adultes.
La Maboké, R.C.A.
Leg. et phot. R. HEIM

Les *lamelles,* nombreuses, accompagnées de lamellules, sont assez épaisses, larges (jusqu'à 15 mm), s'arrondissant un peu à l'insertion sur le stipe, se rétrécissant insensiblement vers la marge, à arête à peine ondulée, non échancrée ; de couleur crème, clivables aisément.

La *sporée* apparaît de tonalité crème rosé à l'état frais, jaunissante par la dessiccation.

La *chair* est compacte, dense, épaisse, presque élastique, blanche dans le pied, en continuité avec celle du chapeau, à forte odeur de lessive, insipide.

CARACTERES CHIMIQUES

Les réactions chimiques sur la chair sont peu notables, négatives avec les réactifs des oxydases (avec le pyramidon nulle ou peu perceptible) de même qu'avec les bases (NaOH, KOH, NH$_4$OH) et les acides ClH, NO$_3$H), mais positives avec le chlorure ferreux où le virage instantané est rouge.

CARACTERES MICROGRAPHIQUES

Les *basidiospores,* conformes à celles du genre en général, sont ellipsoïdes, assez larges, 6,3-8 × 4,3-5,3 μ (Abyssinie), 6,2-7,2-8 × 3,44 μ (Yaoundé), 6,1-7,5 (—8) × 4,2-4,8 μ (La Maboké).

Les *cystides* hyméniales se montrent très nombreuses, marginales et faciales, parfois en groupes, de 16-49 × 9-17 μ, losangiques, ovoïdes, lagéniformes, fusiformes, quelquefois distorses, souvent papillées au sommet, uniloculaires en général mais aussi munies d'une cloison dans la partie sommitale, rarement médiane ou à deux septums ; leur contour se resserre au niveau de ces séparations transverses ; elles sont hyalines, à membrane peu épaisse (0,7-0,9 μ) mais réfringente.

Très abondants aussi, et longs, les laticifères, bien individualisés, sinueux, gordioïdes, particulièrement nombreux dans la trame des lames, atteignent jusqu'à 5-6 μ de large. (Fig. 16 et 17.)

Le *revêtement* sommital du chapeau est formé de sphérocystes de 16-25-48 μ de diamètre, globuleux ou largement ovoïdes, à paroi assez épaisse de 1-1,5 μ.

HABITAT ET REPARTITION GEOGRAPHIQUE

Cette espèce, liée certainement au *Termes natalensis,* peut-être à d'autres espèces de fourmis blanches, est probablement répandue dans une grande partie de l'Afrique intertropicale sur grandes termitières et également sur nids souterrains dans les zones de savanes ou confinant à celles-ci, dans les villages, près des cases indigènes (Abyssinie, Guinée ex française, Congo ex belge, Côte d'Ivoire, Cameroun, Oubangui).

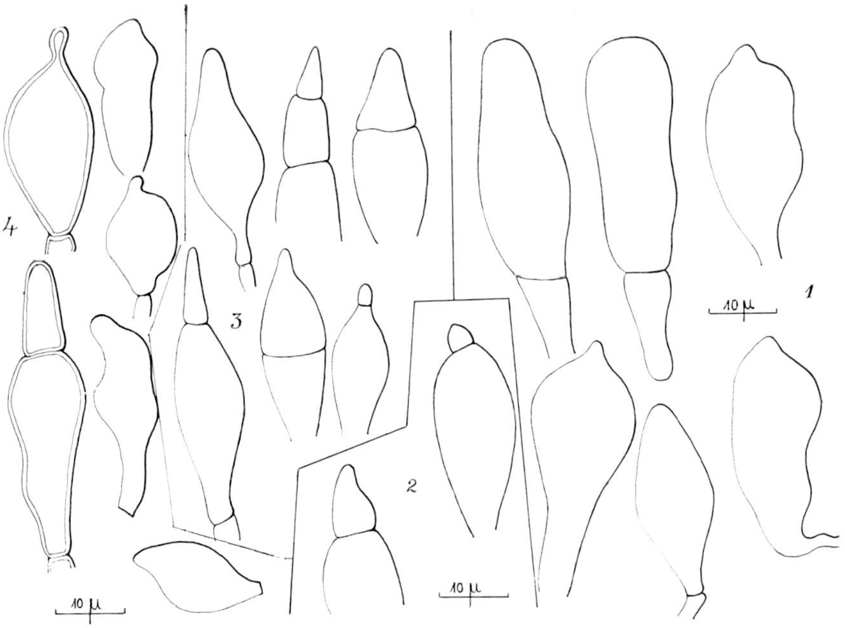

Fig. 16. — *T. Schimperi* . cystides hyméniennes propres à des exemplaires de l'Abyssinie, types, 1 ; de Guinée ex-française, 2 ; du Cameroun, 3 ; de Centrafrique. La Maboké, 4.

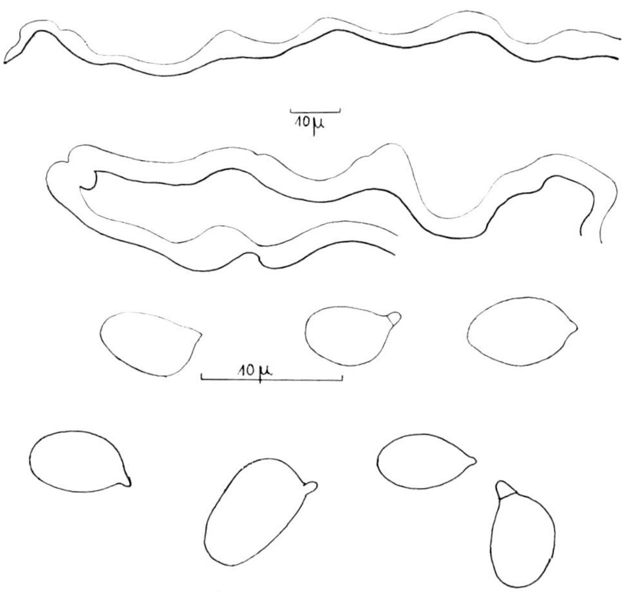

Fig. 16 *bis.* — *T. Schimperi :* Laticifères et basidiospores.

OBSERVATIONS

La dénomination adoptée est celle que Patouillard a donnée à un échantillon de l'Herbier mycologique du Muséum provenant d'une récolte de Schimper en Abyssinie sur nid de termites (1890). L'exemplaire, qui constitue le type, a fait l'objet d'un dessin au crayon du mycologue français accompagné des quelques lignes suivantes :

« Chapeau campanulé-convexe, *roux !* couvert des débris épais d'un voile membraneux-écailleux, blanchâtres. Stipe libre, distinct du tissu du chapeau, cylindrique, long de 5 cm, épais de 15 millimètres, ligneux. Lames libres. A sa base le pied se renfle en un bulbe solide, écailleux, au pourtour duquel s'insère la membrane qui recouvre la surface du chapeau. Racine très longue, fusoïde. Spores blanches, ovoïdes, 6,8 × 4,5 μ, squames subéreuses. Stipe fauve pâle en dedans. »

Il est impossible de faire la preuve qu'il s'agisse là du grand *Termitomyces* des termitières cathédrales d'Afrique occidentale, du Cameroun, et surtout de l'Oubangui, l'exemplaire de Schimper n'étant accompagné d'aucune note descriptive. D'autre part, le dessin transmis par Patouillard n'est que la reproduction de l'échantillon sec, malaisé à identifier. Cependant, de toutes les espèces recueillies par nous, c'est bien de ce document que s'approche le plus le *Termitomyces* décrit ci-dessus. En raison de la taille énorme du chapeau « roux » et non blanc, de son poids très élevé, de la couleur de la sporée blanche et non rosée, nous proposons d'appliquer à cette espèce trouvée au Cameroun et la Maboké (RCA) le binôme **Termitomyces giganteus** Heim. A ce propos, à la suite de certaines difficultés survenues avec le gouvernement local, le Muséum National d'Histoire Naturelle qui avait créé en 1963 une importante Station de Recherches a été mis en obligation d'abandonner momentanément les travaux en cours et surtout une partie du matériel récolté. C'est ainsi que quelques Macromycètes ont été perdus, notamment ce Termitomyces de grande taille que nous devions désigner alors comme *Termitomyces giganteus.*

2. Termitomyces Le Testui (Pat.) Heim
Pl. III, Fig. a et b.

LE CARPOPHORE

CARACTERES MACROSCOPIQUES

Espèce de grande taille.

Le *chapeau*, puissant, atteint 15-26 cm de diamètre quand il est étalé, mais il reste tout d'abord hémisphérique et fortement involuté, très visiblement tomenteux-ponctué, presque feutré dans la partie centrale et moyenne qui, par la suite, apparaît brune ou brun roux, moins nettement sur le pourtour, cependant parfois aussi squamuleux et concolore, le fond demeurant crème rosé. Il est muni d'un *perforatorium* d'abord peu proéminent, mais toujours indiqué, bientôt très individualisé, d'abord tronconique, arrondi au sommet, puis cylindrique et peu convexe, voire plan sur la face supérieure, jamais amincie ni pointue au sommet, lisse, non ou à peine valliculé, non scrobiculé, parfois ponctué également à sa base, brun foncé ; la pellicule est très difficilement séparable.

Le *pied* robuste, cylindracé, mesure 10-12 et jusqu'à 18 cm de hauteur ; blanc ou blanchâtre, glabre, sauf parfois au sommet, villeux, il est muni d'un anneau épais, membraneux, complet, double en général, parfois simple, comportant une manchette striée supérieure et tombante provenant du voile partiel, et d'une collerette armilloïde inférieure et ascendante, relique du voile marginal, inséré sur le stipe selon un bourrelet le cerclant au début ; parfois une seule des deux formations véliformes apparaît ; plein, il se sépare aisément du chapeau dont la chair est dans la partie centrale très nettement en continuité avec celle du pied. Celui-ci se prolonge à la partie inférieure par une pseudorhize souterraine atteignant jusqu'à 1,30 m de hauteur. (Fig. 18.)

Les *lamelles* sont libres, serrées, peu larges, assez minces, arête droite mais floconneuse, accompagnées de lamellules, crème.

La *sporée* est crème rosé, puis ocre rosé pâle.

La *chair* est ferme, blanche, plus ou moins lactifère (*f. lactifluus* quand elle exsude un latex), à odeur agréable, à saveur douce mais parfois légèrement amarescente, un peu piquante.

CARACTERES CHIMIQUES

Le gaïac ne réagit pas, le pyramidon non plus, ou à peine.

Fig. 17. — Variabilité du plateau central piléique et du perforatorium chez le *Termitomyces Schimperi : a,* un jeune exemplaire normal enfermé dans le voile général ; *b,* il commence à s'ouvrir ; *c,* carpophore épanoui dont le voile s'est rompu en écailles pédiculaires ; *d,* le voile général subsiste en armille ou anneau ascendant membraneux ; *e,* coupe d'un carpophore épanoui ; *f,* le plateau central prend la forme campanulée ; *g, h,* le plateau central, horizontal, occupe toute la partie apicale du jeune carpophore ; *i,* le plateau central émerge en un massif indivirualisé dans un jeune exemplaire anormal en voie d'épanouissement *j,* carpophore adulte dont le plateau central s'est individualisé en un massif équivalant à un énorme perforatorium.

Leg. R. Heim
La Maboké, R.C.A.

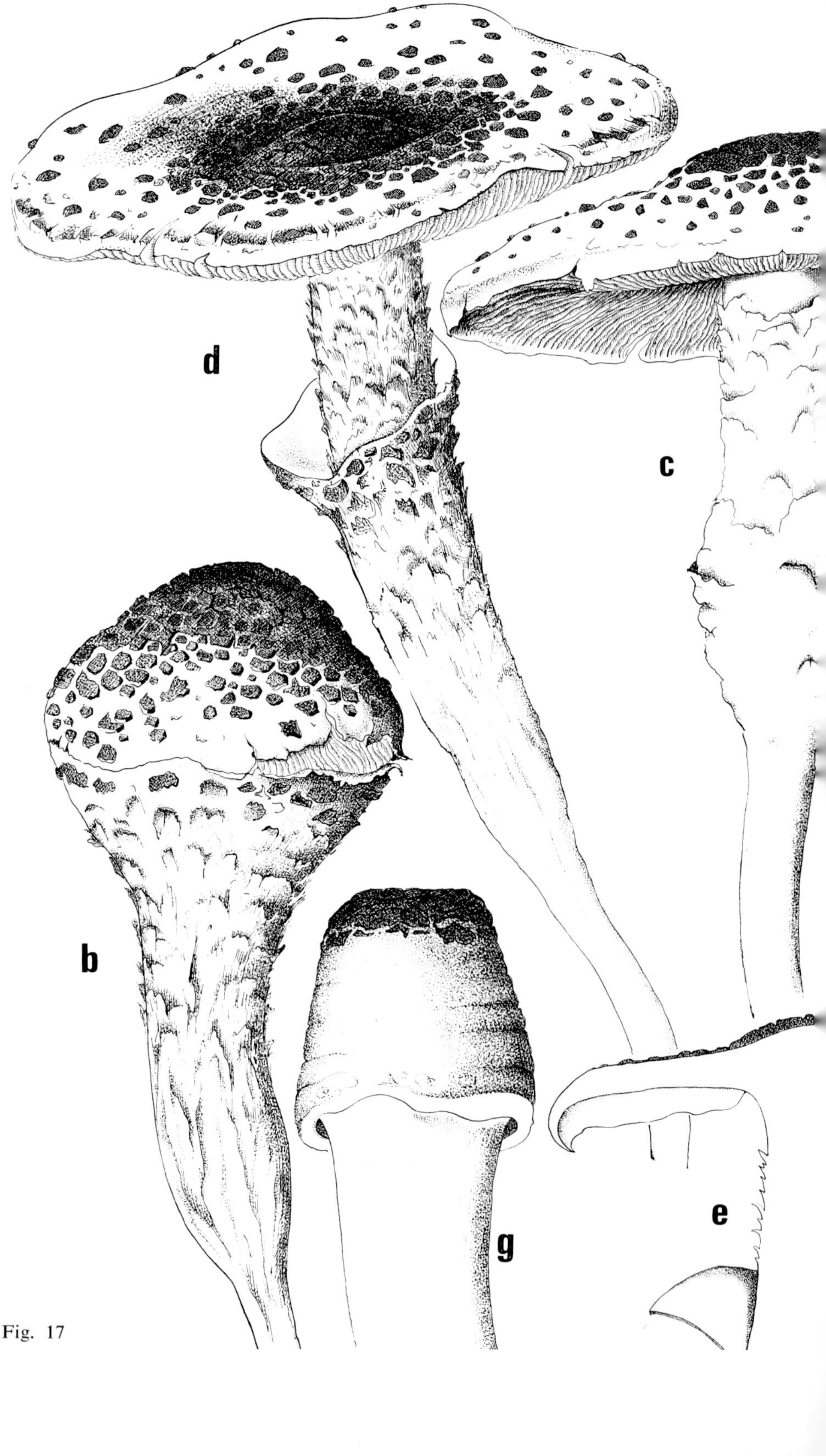

d

c

b

g

e

Fig. 17

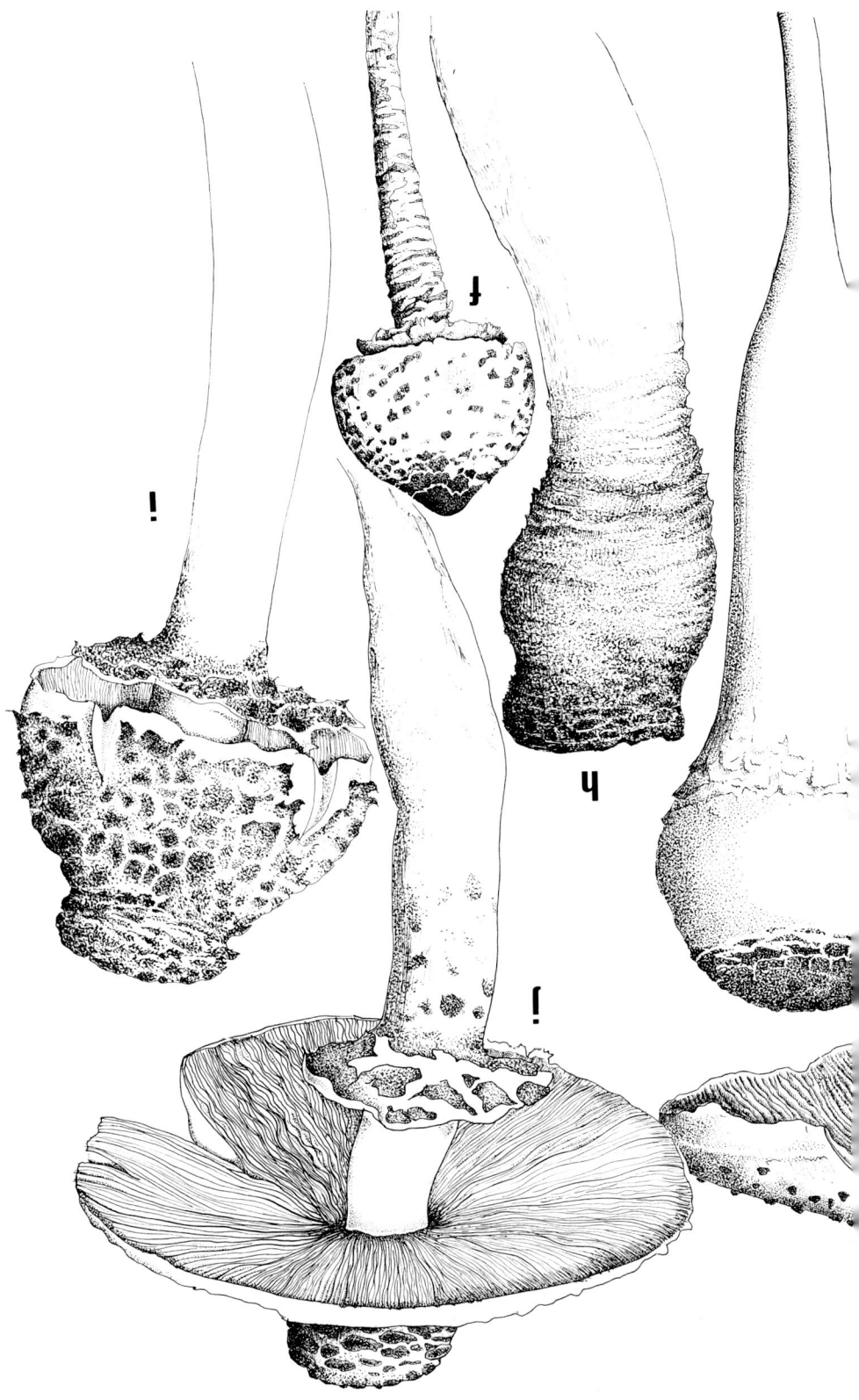

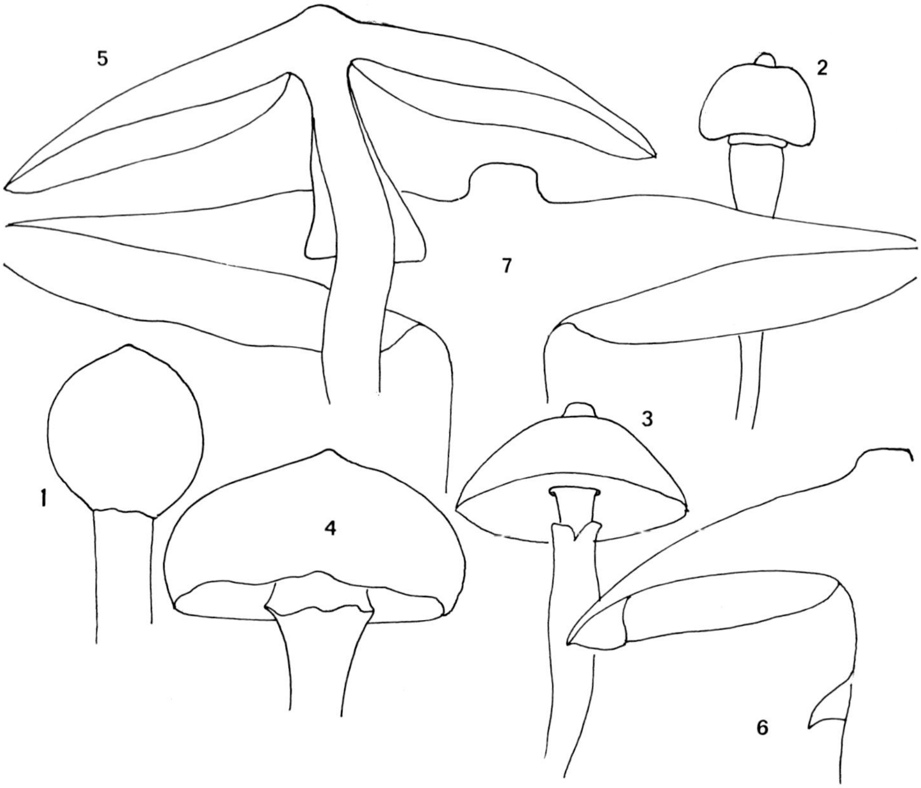

Fig. 18. — *Termitomyces Le Testui* : 1, le jeune carpophore, fermé, offre un indice du perforatorium naissant ; 2, quoique jeune, le chapeau montre un perforatorium cylindroïde individualisé et le voile marginal apparaît clairement ; 3, le chapeau, encore jeune, est ouvert et met en évidence le perforatorium cylindrique et l'armille ou anneau ascendant et engaînant ; 4, sur le carpophore non étalé, le voile partiel et descendant se manifeste ; 5, le carpophore étalé et adulte est muni d'un anneau descendant et membraneux, le perforatorium restant peu individualisé ; 6 et 7, le perforatorium cylindrique est nettement individualisé, l'anneau membraneux existe (6) ou non (7). Cameroun.

Leg. H. Jacques-Félix et R. Heim

CARACTERES MICROGRAPHIQUES

Les spores mesurent 7-7,5 μ × 3,8-4,5 μ, mais elles sont parfois plus courtes, ellipsoïdes-subcylindracées. Les basides sont petites, 25 μ × 6,5-7,5 μ, piriformes-allongées, tétraspores. Les *cystides,* apparemment extrêmement nombreuses, sont faciales et marginales, ces dernières plus régulières, plus volumineuses, claviformes, piriformes-allongées, losangiques, de 27-40 (— 70) μ, les unes et les autres à paroi hyaline, réfringente, assez épaisse surtout vers le sommet ou la partie moyenne du corps de l'organe. Les laticifères sont très nombreux dans toutes les parties de la chair. Les granulations du revêtement piléique correspondent aux aboutissements des files cellulaires filamenteuses-cloisonnées formant palissade, se désarticulant en cellules ovales ou cylindracées, à membrane assez épaisse et réfringente (Fig. 19).

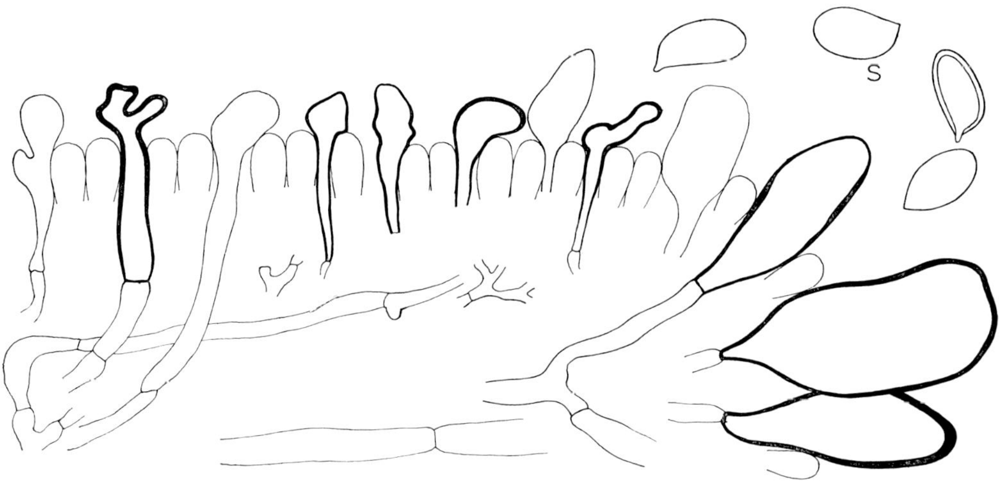

Fig. 19. — *T. Le Testui :* portion de coupe transversale dans une lamelle montrant les pleurocystides irrégulières et capitées et les cheilocystides volumineuses, naviculaires ou piriformes. En S, basidiospores. Cameroun.

Leg. H. Jacques-Félix
Portion de coupe. gross. 750

HABITAT ET REPARTITION GEOGRAPHIQUE

Nos récoltes ont été faites en Guinée (Tonkoui, Kindia), en Côte d'Ivoire, au Cameroun et au Congo français. Il s'y ajoute celles de H. Jacques-Félix en Guinée et au Cameroun également. Madame Goossens a recueilli ce *Termitomyces* au Congo ex belge dans le district forestier central et de l'Ubangui-Uele, et de Saeger et Martin, à leur tour, dans le Parc National de la Garamba ; il affecte la forêt sèche, le pied des bambous, le bord des galeries forestières. On peut donc dire que cette espèce couvre par son aire de distribution à la fois l'Afrique occidentale et l'Afrique centrale. Ces récoltes permettent de compléter les descriptions de Patouillard en mettant en évidence la confirmation presque constante du perforatorium cylindrique, un peu bombé au sommet, coloré (brun) et glabre qui constitue un critère essentiel, qui n'est en défaut que dans la forme lactifère, tout au moins dans les états d'évolution moyenne de celle-ci où le mamelon est moins individualisé. Mais certains profils intermédiaires viennent appuyer notre opinion sur une certaine variabilité du mamelon. Le revêtement brun, entièrement et finement mèchu du piléus, la puissance de ce dernier, qui est, dans l'ordre de la taille, la deuxième espèce après le *Schimperi* et notamment après le *giganteus*.

OBSERVATIONS

Le **Lepiota Le Testui** PAT. est l'une des espèces de Termitomyces décrites antérieurement à nos propres recherches. Avec le champignon asiatique — **albuminosus** BERK. — il constitue donc l'un des Agarics termitophiles dont la description a été précédemment et parfaitement précisée.

Cette espèce a été envoyée à PATOUILLARD par M. LE TESTU sous forme d'échantillons « encore attachés au gâteau alvéolé de la termitière » du Congo français. Ces matériaux s'ajoutaient dans l'Herbier du Muséum à deux séries d'échantillons, également originaires de cette ancienne colonie, les uns récoltés par PIERRE DE BRAZZA en 1878, les autres par J.-M. BEL en 1909.

PATOUILLARD n'a pas manqué de comparer cette espèce au **Lepiota albuminosa** BERK. et BR. et de l'interpréter par sa morphologie comme l'homologue africain de celle-ci : « même dimorphisme quant à la présence ou à l'absence de l'anneau, même stipe allongé en une racine pouvant atteindre une longueur considérable. » Et l'éminent mycologue ajoutait : « Les deux champignons se séparent l'un de l'autre par la surface de leur chapeau, qui est sèche et villeuse dans notre plante, visqueuse et glabre dans celle de BERKELEY, ainsi que par la forme et l'insertion de l'anneau, qui choit du sommet du stipe chez *L. Le Testui* et qui est armillariforme chez *L. albuminosa*. En outre, l'aspect des individus non encore ouverts est sans analogie. » Et il ajoutait « que, par leur stipe distinct de l'hyménophore, les deux espèces doivent être placées dans le genre *Lepiota*, mais que les particularités de l'anneau les reportent chacune dans une section différente ». On conçoit que PATOUILLARD ait parfaitement mesuré les critères essentiels de l'espèce, mais sans aller jusqu'à la déduction finale, celle qui touche à l'extrême variabilité du voile membraneux quoiqu'il reconnaisse l'existence d'une forme « *Collybia* ». Les caractères des spores et des cystides vraies (35-40 × 20-26 μ) concordent exactement avec ceux de nos propres spécimens, ainsi que les indices physionomiques : perforatorium cylindracé, obtus, glabre « alors que le restant du chapeau est couvert d'une villosité couchée, abondante, constituée par des poils septés de 50 à 100 μ de longueur ». « Le stipe, rigide et plein, pénètre profondément dans la trame du chapeau et atteint presque le sommet du mamelon ». Seule, l'abondance des laticifères n'est pas mentionnée par

Patouillard. Mais nous savons que cette particularité est très généralement répandue parmi les *Termitomyces*. Cependant, elle peut être si apparente, si concrète qu'à cette espèce nous avons rattaché une forme dite **lactifluus,** recueillie au Tonkoui (Côte d'Ivoire), qui se distingue par l'épaisseur de sa chair, la ténacité, l'élasticité, la densité de celle-ci. Jeune, ce champignon montre que la place occupée par la cavité hyméniale est en fait remplie par un plectenchyme fibreux, dense, stratifié, qui comble ainsi la distance séparant les lamelles du stipe. Quand le chapeau

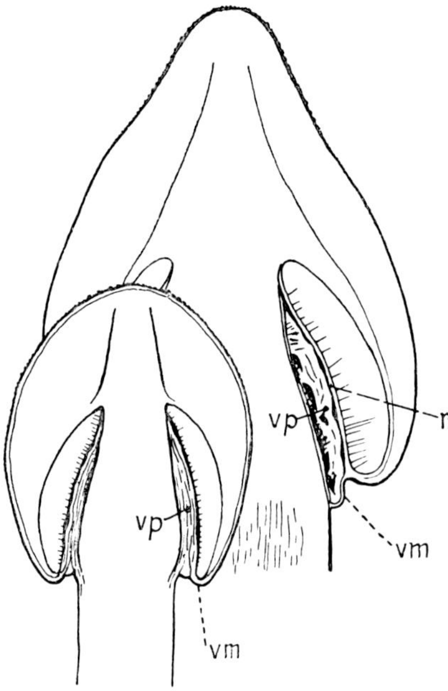

Fig. 20. — *Termitomyces Le Testui* f. *lactifluus* : coupes longitudinales dans deux échantillons jeunes à perforatorium d'individualisation tardive montrant la localisation du voile partiel, vp, avant l'ouverture du chapeau et son raccordement au voile marginal, vm, adné au voile général fugace, en m, sillon entre lamelles et voile marginal.

Côte d'Ivoire, leg. R. Heim

s'étale, la dilacération de cette région s'accentue, l'hyménium entraînant avec lui la membrane qui couvre le cône hyménien et qui restera attachée généralement à la partie du voile liant la marge piléique au stipe. Finalement c'est le bourrelet péripédiculaire qui détache vers lui cette membrane prête à abandonner alors les lames. (Fig. 20, 21.)

Ici encore, on assiste donc à la formation d'un pseudo-tissu partiel relativement très développé et distinct du voile général, fugace.

Ces échantillons étaient dans leur chair bourrés de laticifères, présence que nous avons pu noter sur les autres récoltes faites plus tard en Oubangui et qui est telle qu'elle peut provoquer une exsudation de la chair.

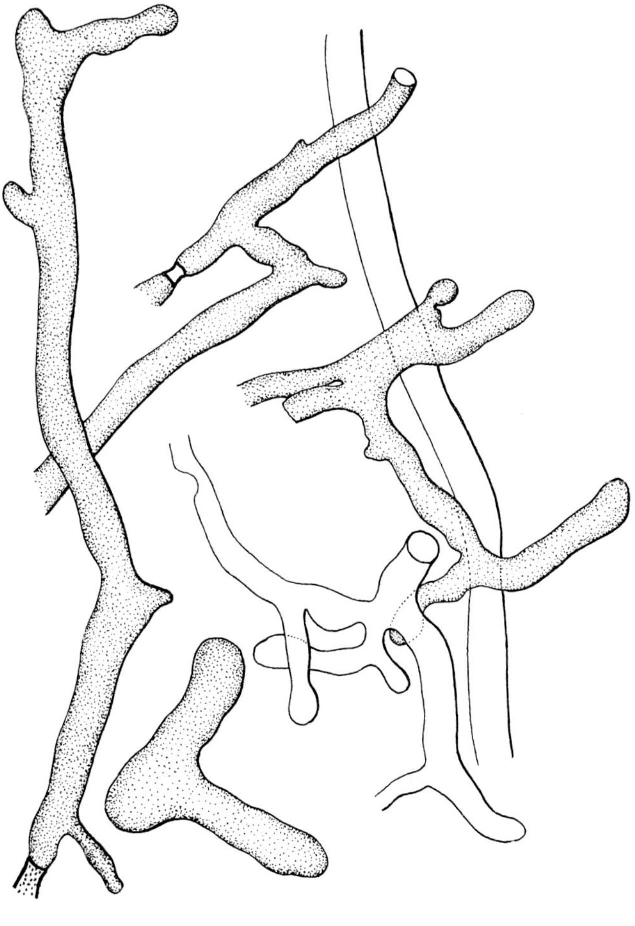

Fig. 21. — *T. Le Testui* f. *lactifluus* : laticifères caractéristiques ou hyphes vasiformes.

Gross. 750

En conclusion, le *Termitomyces Le Testui* est l'une des espèces termitophiles les plus répandues, les plus spectaculaires de l'Afrique Noire. Puissante, elle est caractérisée par sa taille, son perforatorium cylindrique, bien différencié, lisse au moins au sommet, par le revêtement ponctué-velouté-feutré et squamuleux du chapeau, le voile annulaire très développé, simple ou souvent double, dont l'origine appartient au voile partiel (manchette supère) et marginal (armille engaînante), enfin par sa chair assez notablement laiteuse.

STIRPE ROBUSTUS

DEFINITION DE LA STIRPE

Espèces de taille moyenne ou grande, à chapeau plus ou moins brun gris ocré, entièrement, parfois au centre. Réactions nulles au gaïac et au pyramidon. Pas de voile membraneux.

CLE DES ESPECES

Chapeau entièrement de couleur foncée. Rhizomorphes ou disque basal.
    Perforatorium tétiniforme, nettement différencié.
      Rhizomorphes nombreux et pas de disque sclérifié à la base. Chapeau velouté, strié radialement.
      Lames claires .... *T. robustus* (BEELI) HEIM
    Perforatorium conique-obtus, en continuité avec le chapeau. Un disque sclérifié à la base. Chapeau marqué de fossettes radiales, glabre. Lames ocres à la fin .... *T. fuliginosus* HEIM
Chapeau de couleur assez claire. Ni rhizomorphes, ni disque basal.
    Fort perforatorium, lisse et brun. Chapeau de taille moyenne (± 10 cm), à la fin retroussé.
      Lames orangé citrin. Cystides à paroi mince.
      Spores relativement grandes (d'une dizaine de µ de longueur) .... *T. citriophyllus* HEIM
    Perforatorium non individualisé, ocre, concolore.
      Chapeau puissant, à marge involutée, atteignant 20 cm. Cystides et spores habituelles. .... *T. globulus* HEIM et GOOSSENS

1. Termitomyces robustus (BEELI) HEIM
Pl. III, Fig. 2, e et d.

LE CARPOPHORE

CARACTERES MACROSCOPIQUES

Le *chapeau,* de moyenne ou grande taille, atteint 16,5 cm de diamètre ; à l'état très jeune cylindracé, velouté noirâtre dans la partie sommitale et ocracé à la base, il est couvert d'une fine pubérulence blanche ; puis fortement bombé, hémisphérique ou conique-turbiniforme, il s'étale

ensuite en demeurant largement conique, la partie centrale umbonée sub-
sistante, plus fortement saillante, brun noir fauvâtre, veloutée ; celle-ci
se montre surmontée du perforatorium tétiniforme, restant très individualisé, arrondi au sommet, brun concolore, blanchissant au début de l'altération ; la partie moyenne est colorée en gris fauve et marquée de dépressions et de faibles bosselures concentriques, de rides, de sillons et de
fossettes étirées radialement donnant au chapeau une ornementation scro-

Fig. 22. — *Termitomyces robustus* : groupe de carpophores croissant en nids de
termites souterrains à Ebana, Congo ex-français.
Leg. et photo. R. Heim

biculée, à la fois complexe et régulière ; le derme est séparable jusqu'au
sommet. (Fig. 22, photo.)

Le *pied* cylindracé et assez puissant dans son parcours aérien, de
6-9 cm de longueur sur environ 6-10 mm de largeur, s'élargit un peu et
brusquement au sommet, s'épaissit insensiblement vers le collet (10-12 mm) ;
de coloration très pâle en haut, mais non blanche, il se fonce peu à peu
vers la partie moyenne qui apparaît concolore au chapeau, quoique plus
claire, un peu plus ocracée au-dessus du sol ; très subtilement velouté,
blanchâtre vers le milieu, puis s'amincissant en un long rhizomorphe, de
1-1,5 cm de diamètre dans sa partie basale, divisée, vermiculaire, formant

un abondant chevelu de couleur blanchâtre, plein, il s'insère directement sur la meule sans disque basal différencié.

Les *lamelles* serrées mais d'assez forte épaisseur sensiblement égale, plutôt étroites (5-6 mm de largeur au maximum), se rétrécissent insensiblement vers la marge ; leur arête se profile entière ou peu et irrégulièrement échancrée ; elles sont clivables, de couleur crème glaucescent rosé.

On ne note aucun indice de *voile*.

La *chair* très fibreuse dans le stipe, ferme dans celui-ci, plus molle dans le chapeau, se décompose toujours très vite sous l'attaque des larves ; de consistance assez élastique, tenace après cuisson, elle possède un goût de noisette avec une légère saveur de rave.

CARACTERES CHIMIQUES

Les réactions au gaïac et au pyramidon sont nulles.

CARACTERES MICROGRAPHIQUES

Les *spores,* obovoïdes-subcylindracées, mesurent 6,4-6,8-7,5 × 3,9-4,6 μ ; leur coloration est crème carné en masse. Les basides, assez courtes, tétraspores atteignent 24-26 × 75-8 μ. Les *cystides* sont nombreuses, faciales et marginales, piriformes, lagéniformes, claviformes, ovoïdes, étroites ou larges, parfois volumineuses. (Fig. 23.)

LES RHIZOMORPHES

Présents seulement dans cette espèce, ils apparaissent comme un entrelacs de cordonnets spartoïdes grêles, blancs, plus ou moins ramifiés, identifiables à de vrais rhizomorphes, dont l'abondance peut être liée à la poussée de 150 carpophores sur le même emplacement. Cette présence insolite revêt, semble-t-il, une signification exceptionnelle ; elle correspond à une phase végétative d'un champignon multiplié lors de la vie hypogée et proliférant, à une faible profondeur, comme le ferait une espèce indépendante des termites.

REPARTITION GEOGRAPHIQUE

Sous les *Elaeis,* palmeraie d'Ebana, près d'Etoumbi (Moyen Congo ex français, leg. R. HEIM, n° R 40, 24 février 1948 ; Etoumbi, n° R G, 15 février 1948) ; Congo ex belge, forêt sèche, Binga, leg. Mme GOOSSENS, n° 2066.

LES MEULES ET MYCOTETES

Les meules construites par *l'Acanthotermes acanthotorax* sont petites et plates de 3-6 cm de longueur, 1-3,5 cm de haut, et seulement quelques millimètres — au plus 10-12 mm — de largeur totale, l'épaisseur du mur proprement dit n'excédant pas 2 mm. Elles sont de forme extrêmement irré-

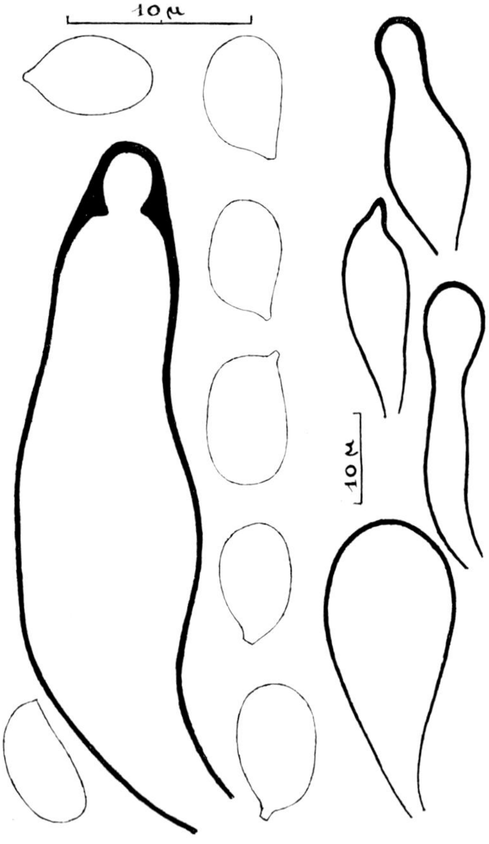

Fig. 23. — *T. robustus* : spores et cystides.

gulière, non arrondie, à contour en ligne brisée. Les cavités sont fort poly-morphes, désordonnées, quelques-unes très étroites (à peine un mm de diamètre), la plupart de 1,2-1,8 mm, plusieurs profondes et larges de 5-6 mm, souvent longitudinalement orientées.

Il est à mentionner que ces meules sont couvertes de deux sortes de plages, les unes brunes, les autres ocracées, et que les mycotêtes naturelles poussent de préférence sur les zones très colorées, soit à la surface extérieure de la meule, soit à l'orifice des galeries, mais jamais dans la profondeur de celles-ci. Les plages claires subsistent définitivement sur les meules sèches dont elles occupent plus de la moitié de la surface visible, surtout les parties plates, rarement les crêtes et les convexités.

Placées à l'obscurité, hors du nid, les meules ne tardent pas à montrer une prolifération appréciable des mycotêtes qui s'y conservent avec leur coloration blanc vif 18 heures encore après ce transfert et atteignent alors 1,5 mm de diamètre. Par contre, maintenues sous l'action de la lumière, au Laboratoire, ces mycotêtes ne prolifèrent plus, restent petites et commencent à jaunir très rapidement.

Les plages colorées des meules offrent la présence assez fréquente de petits stromas noirs à peine bombés.

OBSERVATIONS

Ce champignon livre un remarquable exemple végétatif résultant de la différenciation de la pseudorhize en un entrelacs rhizomorphique formant un écheveau très dense de cordonnets. Il n'y a aucun indice de voile. Ainsi la genèse des carpophores est liée à un phénomène qui ne paraît pas en conformité avec le mécanisme habituel dont la mycotête est le siège. Celle-ci, dans ce cas, produit un rhizomorphe qui prolifère comme le ferait le lacis rhizomorphique du *Collybia grammocephala* par exemple, mais dans un sens inverse. Il convient d'en rechercher l'origine dans une disposition édaphique particulière. Sans doute peut-on supposer que celle-ci correspond au fait que la croissance du *Termitomyces* se fait à une très faible profondeur.

Le **T. robustus** est proche par sa couleur du *T. fuliginosus* Heim, propre également au Congo. Il en diffère par l'individualité tétiniforme de son perforatorium non pas conique ni en continuité du profil piléique, son revêtement bosselé, veiné, sillonné, et non glabre et subtilement strié, sa pseudorhize privée de disque basal mais émanant de cordonnets rhizomorphiques, enfin son pied de couleur claire et non brun fuligineux.

2. Termitomyces fuliginosus HEIM

Pl. IV, Fig. 1, a et b.

Termitomyces (Eutermitomyces) **fuliginosus** nov. sp.

A cartilagineo (Berk.) differt peridio majore, quod ad 20 cm vel magis etiam pertinere potest, interdum squamis ex velo universo provenientibus in medio distincto, cute ex umbrino fuliginosa, stipite, magis minusve fuliginoso-pruinoso-tomentoso, praesertim in parte superiore. In molis, in nidis Pseudacanthotermitum acanthothoracum vigens, in Alta Guinaea, in silvis, initio temporis pluviarum (mense aprili).

LE CARPOPHORE

CARACTERES MACROSCOPIQUES

Le *chapeau,* de taille variable, atteint de grandes dimensions, plus de 20 cm de diamètre ; d'abord en cloche arrondie munie d'un perforatorium rapidement conique et pointu, il s'étale en gardant généralement ce mamelon régulièrement acéré, plus ou moins incrusté de terre ; sa marge est fissile, à la fin infléchie mais non involutée ; entièrement fuligineux ocré, plus foncé vers le centre où subsistent fréquemment des papilles farineuses et crème, glabre ailleurs, parfois décoloré par places, selon des taches

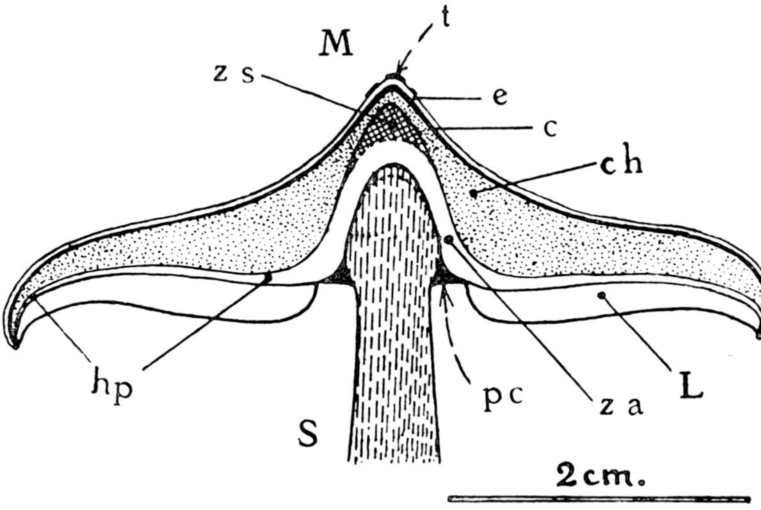

Fig. 24. — *Termitomyces fuliginosus* Heim : coupe schématique radiale à travers le chapeau et le sommet du stipe dans un échantillon encore jeune ; M, mamelon ; traces de terre attachées à la cuticule piléique : e, strate claire de la cuticule ; c, strate colorée de la cuticule ; ch, chair proprement dite ; L, lamelle autour de la portion de la chair piléique en continuité avec celle du pied ; on distingue en za, la zone d'arrachement entre les deux structures du pied et du pileus proprement dit ; ZS, zone intermédiaire formant la chair de la partie profonde du mamelon ; hp, hypophylle ; pc, zone annulaire formant pseudo-collarium.

blanchâtres et régulières, radialement orientées, ou au contraire sillonné de bandes linéaires fuligineuses sur des plages dépigmentées, il est marqué sur les bords et dans la partie moyenne des rayons de nombreuses fronces radiales partielles, inégales, accompagnées de fossettes dont l'empreinte s'accroît avec l'âge ; la pellicule se sépare assez aisément en se cassant (Fig. 24).

Le *stipe* comporte quatre étages successifs bien distincts, épigés ou souterrains :

1° une partie aérienne cylindracée ou *stipe proprement dit*, robuste, de 6-11 cm de hauteur, de 6-12 mm de diamètre dans la zone supérieure, s'élargissant brusquement au sommet en un plateau collarioïde orbiculaire atteignant 16 mm de diamètre, de couleur brun ocré ; elle est blanchâtre, ocracée ou brun clair vers l'apex, plus foncée vers le milieu de la hauteur

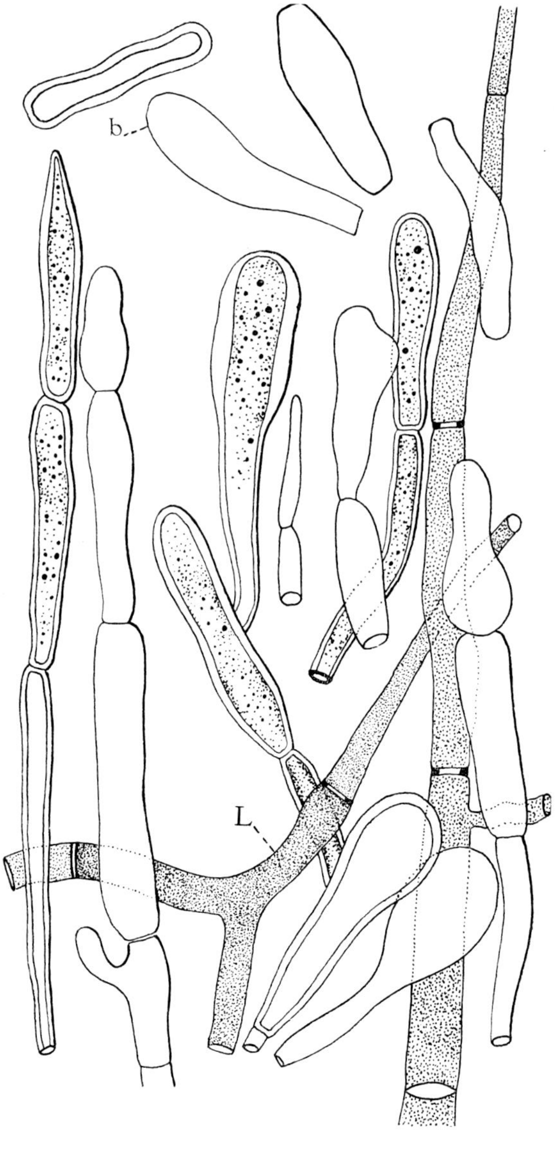

Fig. 25. — *T. fuliginosus* : filaments mycéliens, enrobant la meule construite par l'*Acanthotermes acanthothorax*. Certains des éléments cellulaires peuvent se détacher et constituent des cellules libres assimilables à des blastospores cylindracées. (b). En L, laticifères cloisonnés à plasma granuleux, acidophile.

Gross. 750

(brun ocré, puis fuligineux), enfin plus pâle vers la base et au collet (fuligineux clair ou paille), très finement squamuleuse-ponctuée ou nettement *veloutée* blanchâtre dans la partie moyenne et inférieure ; quelques rides subtiles la parcourent çà et là ; elle est pleine, ferme mais fibreuse. Cette région proprement dite du stipe se prolonge à travers la chair piléique qui en est anatomiquement solidaire jusqu'à l'hypoderme : si on tente de séparer le pied du chapeau, toute la partie de celui-ci comprise entre le plateau collarioïde basal et le mammelon piléique reste adhérente au stipe et se sépare, par déchirure, du reste de l'hyménophore ; (Fig. 25)

2° une partie épaissie correspondant au *collet,* pouvant atteindre 24 mm de diamètre, irrégulière, paille ou ocracé clair ;

3° la longue *pseudorhize souterraine ;*

4° le *disque basal, épais et sclérifié,* dépouillé de terre sur une hauteur de 2 à 4 mm, et surmonté de plaques membraneuses en écailles de poisson, qui sont formées d'hyphes cylindriques, des hyphes connectives, les accompagnent. Il ne s'agit donc pas de reliques du blématogène à sphérocystes. (Fig. 26).

Les *lamelles,* serrées (140 environ), mais dont l'épaisseur, assez notable, est sensiblement égale sur toute la profondeur, assez étroite (3 mm au maximum et vers le milieu du rayon sur un exemplaire de 5,5 cm de l'insertion sur le plateau collarioïde, se rétrécissent insensiblement vers la marge ; leur arête est irrégulièrement, mais non profondément échancrée-crénelée. Les feuillets de couleur crème sans nuance rosée sont clivables dans le sens longitudinal, au moindre étirement.

La *chair,* très fibreuse dans le stipe qui se fissure aisément et naturellement dans le sens de la longueur, surtout au début de la dessiccation, l'est également dans le cordonnet où elle apparaît ferme et cassante, offrant un aspect ligneux et une consistance plus molle vers la base, mais le pied reste plein sur toute sa longueur, terrestre et souterraine. Celle du chapeau, tendre, est mince et se décompose très rapidement et constamment sous l'action des larves qui rendent sa conservation difficile. L'odeur forte rappelle celle de rave ; d'abord non désagréable, elle devient franchement nauséeuse au commencement de la putréfaction. De saveur fade, cette espèce comestible est appréciée des indigènes. Contrairement à d'autres Agarics des termitières, la chair, inactive vis-à-vis du gaïacol et de la teinture de gaïac, l'est aussi en ce qui concerne le pyramidon.

CARACTERES MICROGRAPHIQUES

Les *spores* mesurent (6,5-) 8-9,4 (-10) × 4,2-4,8 (-5,4) μ (on en rencontre exceptionnellement de géantes : 12,4 × 5,2 μ) ; obovoïdes-subcylindracées ou à profil un peu trigone, nettement plus larges et amplement arrondies au sommet, brusquement rétrécies dans leur tiers inférieur, à arêtes parallèles ou même un peu concaves dans leur partie médiane, à gros globule central, elles sont, par ces caractères, quelque peu différentes

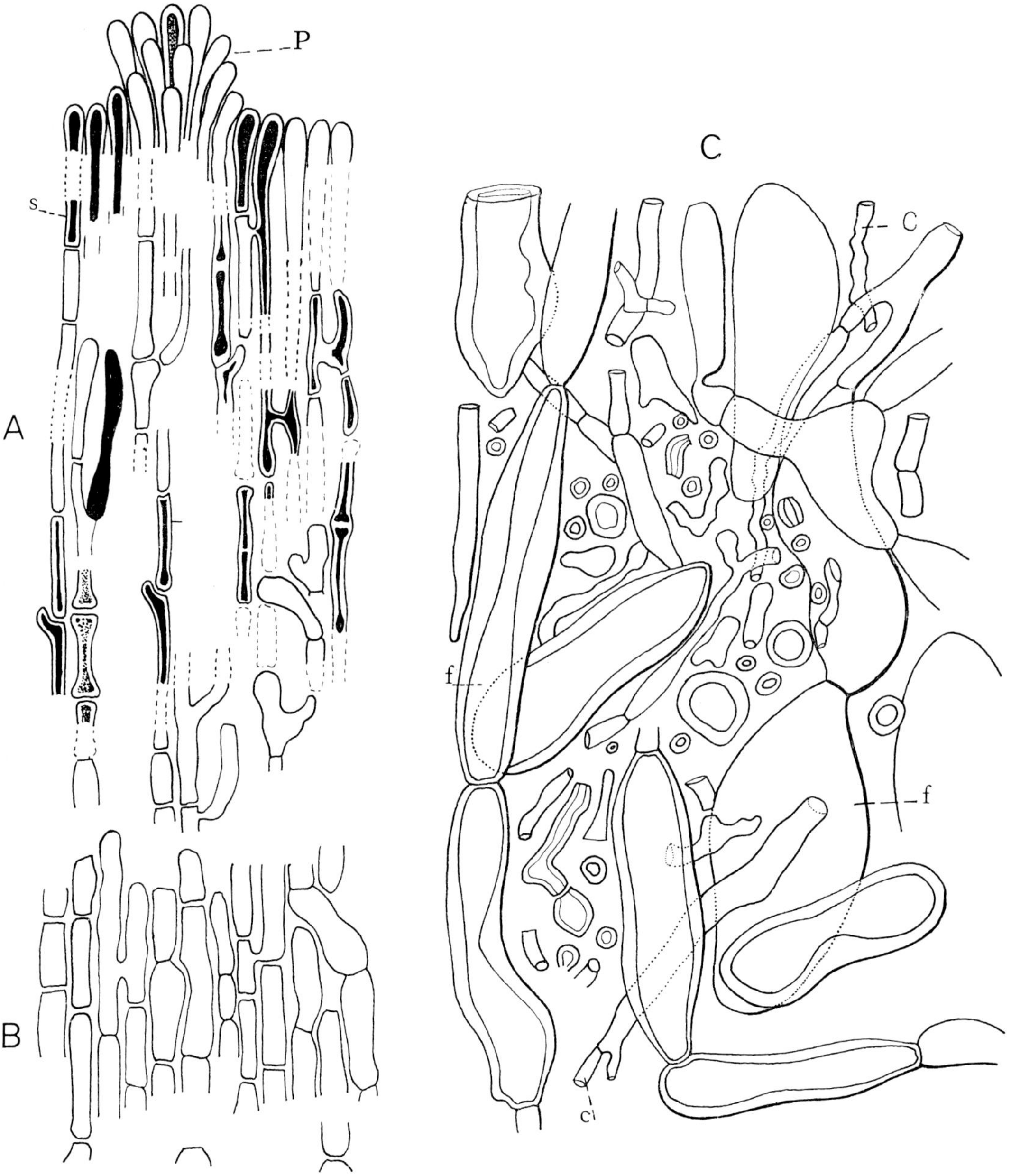

Fig. 26. — *T. fuliginosus* : A gauche, A et B, coupe verticale radiale à travers le disque sclérifié basal de la pseudorhize. A, partie externe et corticale montrant les éléments filamenteux sclérifiés parallèles anastomosés ; B, à lumen variable et en P, une houppette de terminaisons formant poil, correspondant à l'une des ponctuations visibles à l'œil nu. B, zone intermédiaire, formant la partie interne du cortex.

A droite, C, portion de la chair proprement dite du disque, à éléments intriqués, volumineux (fondamentaux, f) et étroits (connectifs, c).

Gross. 750

des spores des autres *Termitomyces*. Les basides, piriformes-allongées, de 26-34 × 8,5-9,5 μ, rétrécies en un large et court pédicelle, à contenu granuleux, sont munies de quatre stérigmates aigus, de 3,5 μ de long. Les *cystides*, variables, faciales et marginales, souvent très nombreuses, parfois très rares sur les faces, généralement en touffes sur l'arête, piriformes ou subglobuleuses, à paroi de 1-1,1 μ atteignent 20-30 × 14-25 μ.

LE DISQUE SCLERIFIE BASAL

L'attache de la pseudorhize sur la meule revêt dans le cas du **Termitomyces fuliginosus** un dispositif très particulier. Il existe entre l'insertion de la mycotête-mère et la base du cordonnet une solution de continuité, qui tient à une différenciation progressive et notable de la partie inférieure de la pseudorhize. En effet, le cordonnet adulte se termine à sa base par un épaississement annulaire discoïde, en forme de pied d'éléphant, de 1 à 1,4 cm de diamètre extérieur, de 2,5 à 3,5 mm de hauteur. Ce disque épais repose sur la meule par son cercle basal qui limite extérieurement la région moyenne et centrale ; celle-ci se montre évidée, sauf au centre lui-même ou subsiste une brève attache verticale liant ainsi la meule, sur l'emplacement de la mycotête initiale, au centre de la concavité basale du disque. L'aspect de ce dernier rappelle très vivement la terminaison bulboïde de la pseudorhize des formes *Pluteus* et *Amillaria,* telle que PETCH l'a décrite et figurée.

Toute la surface extérieure et inférieure de cet anneau, de couleur ocracé vif tirant sur l'orange, est marquée de saillies punctiformes, disposées régulièrement à égale distance l'une de l'autre (3 ou 4 par mm) et formant comme autant de pores en relief. Le cortex est dur, corné, cependant parfois en partie rongé par les termites.

Une coupe met en évidence la nature ligneuse de l'enveloppe et celle tenace-fibreuse, mais molle, de la chair interne, blanche.

Le cortex est fait d'hyphes sclérifiées, très particulièrement, serrées en palissade, et inséparables l'une de l'autre. Ces éléments cylindroïdes, de 2 à 3,5 μ de largeur pour la plupart, fréquemment cloisonnés (tous les 20 à 30 μ), montrent des anastomoses et des rameaux latéraux immédiatement au-dessus des cloisons transversales, si bien que leur silhouette offre généralement l'aspect d'un H, d'un V, U, ou Y renversé. La membrane, d'épaisseur inégale et non colorable, est mise en évidence par la teinte qu'acquiert le plasma abondamment granuleux (au bleu lactique, au rouge de ruthénium, par exemple ; elle apparaît plus étroite aux extrémités des cellules, là où le lumen s'élargit brusquement donnant au contenu de la cellule la silhouette typiquement tibiforme. En général, la largeur totale que comblent deux hyphes parallèles contiguës est de 6 à 7,5 μ comportant deux filaments de 2 à 3 μ (à membrane de 0,9-1,2 μ environ) et l'intervalle limitant les deux hyphes, de 1,5 à 2 μ de largeur.

Les terminaisons supérieures de ces hyphes sont arrondies, un peu élargies (3,5-3,9 μ). Çà et là elles font saillie en étroit bouquet dont les composants se séparent et s'évasent quelque peu à leur extrémité : ce sont les ponctuations en relief qui parsèment la surface extérieure du cortex. Ce dernier mesure 110 à 140 μ de profondeur. Puis, insensiblement en s'éloignant de la surface, les hyphes étroites s'élargissent (4-6,6 μ), perdent la rigueur de leur parallélisme, deviennent ondulées, s'allongent (80-90 μ), enfin s'emmêlent en constituant la chair, non sclérifiée, de ce disque.

Celle-ci est faite de deux sortes de cellules, intriquées en tous sens, les unes fondamentales, en chapelets d'éléments cylindracés, allantoïdes, ovoïdes, de 40-80 × 10-20-25 μ, à téguments épais, très inégal, atteignant 4-5,5 μ dans la partie médiane ; les autres, étroites, apparemment connectives, mais à paroi épaisse pareillement (quoique à peu près égale) à celle des précédentes, filamenteuses mais cloisonnées, de 2,5 μ et plus de diamètre, toruleuses-variqueuses, en quelque sorte homologues des hyphes étroites formant la palissade corticale.

L'attache fibreuse centrale, liée à la meule, comprend des cellules de même nature et de même forme, irrégulières, presque toutes larges et à paroi épaisse et peu égale, non mêlées d'étroites hyphes connectives.

HABITAT ET REPARTITION GEOGRAPHIQUE

Sur les grandes termitières à *Acanthotermes acanthothorax*, en forêt, au début de la saison des pluies. Ex Guinée française, Yombiro près Macenta.

3. Termitomyces citriophyllus HEIM

Termitomyces (Eu-termitomyces) **citriophyllus** nov. sp.

A cartilagineo (Berk.) f. exannulata differt colore ex citrino ochraceo lamellarum, sporis majoribus (9-11 × 6,7-7,7 μ), duplici tunica. In Alta Guineae, initio temporis pluviarum (mense aprili).

LE CARPOPHORE

CARACTERES MACROSCOPIQUES

Le *chapeau* atteint 9-10 cm de diamètre. Fortement convexe, puis plan-convexe, enfin relevé sur les bords, il est muni au centre d'un *fort mamelon* lisse, brun foncé, assez bien individualisé mais en continuité de profil avec le piléus, tronconique ou bombé, arrondi au sommet, moins haut que large, correspondant approximativement en largeur au diamètre de la partie supérieure du stipe. La marge, plus ou moins déchirée, notablement striée, est d'un gris ocre un peu orangé tirant sur l'olivâtre, puis fuligineux clair ; le revêtement est facilement séparable, non ridé, lisse à l'œil nu, mais à la loupe, creusé de minuscules fossettes.

Le *stipe,* très long, profondément enterré dans le sol, cylindrique, de 5-8 mm de diamètre, s'élargit au sommet (8-11 mm) ; blanc plus ou moins nuancé de jaune clair, il est charnu mais creux (la partie canaliculaire, régulière, constitue environ les 3/7 de la largeur totale).

Les *lamelles,* fort nombreuses mais plutôt épaisses, à arête largement et irrégulièrement crénelée, moyennement étroites (4-5 mm), d'un *orangé citrin* assez vif tirant sur le jaune de Naples, fragiles, se clivent longitudinalement.

La *chair* est blanche à l'état frais, puis devient gris brunâtre dans le chapeau, crème glauque sous la cuticule piléique (où elle brunit en solution formolée), cassante dans le pied, partout fragile, inodore, insipide.

CARACTERES CHIMIQUES

Les réactions oxydasiques sont *nulles,* même avec le pyramidon. Les lamelles se décolorent dans l'eau formolée, puis rosissent, enfin peu à peu se décolorent totalement.

CARACTERES MICROGRAPHIQUES

Les *spores,* exactement obovoïdes, à partie apicale régulièrement arrondie (offrent des dimensions variables, généralement 10-11 × 6,7-7,7 μ, rarement plus courtes (8,8-9 μ), mais parfois géantes (15-16 × 9 μ), et leur tégument est relativement épais. Elles renferment un gros globule central accompagné de petites guttules polaires, acidophiles ou non. Les basides, tétraspores, rarement bispores, sont relativement grandes (30-49 × 12-15 μ), étirées assez longuement à leur base. Les *cheilocystides,* sublosangiques, piriformes, fusiformes, de 30-40 × 15-25 μ, à membrane réfringente, rappellent celle des autres *Termitomyces,* mais leur paroi est un peu plus mince (1,1 μ).

On note de nombreux laticifères dans toutes les parties du champignon, sinueux, bifurqués, de 3-13 μ de large, à plasma réfringent, homogène, blanc crème, çà et là granuleux près du raccordement avec des hyphes connectives, parfois à terminaisons ampulliformes.

Le revêtement du mucron est formé d'hyphes dressées dans la partie extérieure, de 5-8 μ de large, renflées en cellules terminales irrégulières mais toujours allongées, cloisonnées ou non, à allure souvent plus ou moins lactifère, de 25-45 × 5 × 10 μ, hyalines, souvent marquées d'épaississements annulaires et de tractus hélicoïdaux internes, plus chromophiles. Ces hyphes accompagnent des filaments emmêlés, plus ou moins fauves dans la partie brunie de la chair du mamelon. (Fig. 27 et 28.)

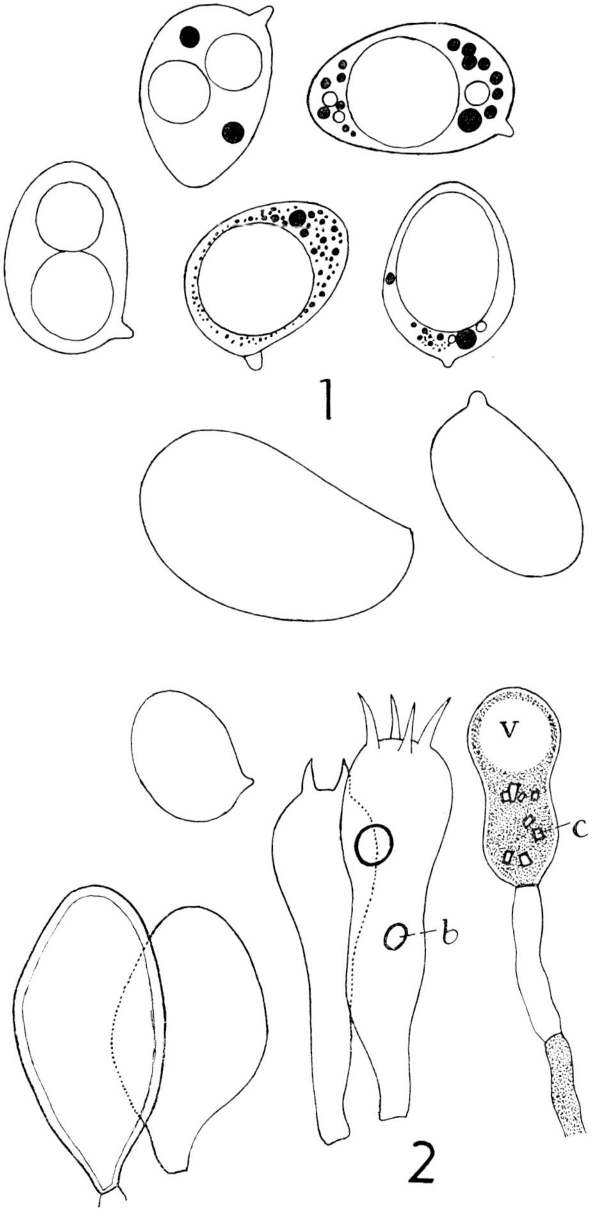

Fig. 27. — *Termitomyces citriophyllus* : 1, basidiospores, 2, basides et poils cystidiformes (v. vacuole, c. cristaux, b. sphérules refringentes des basides).

Gross. 1000

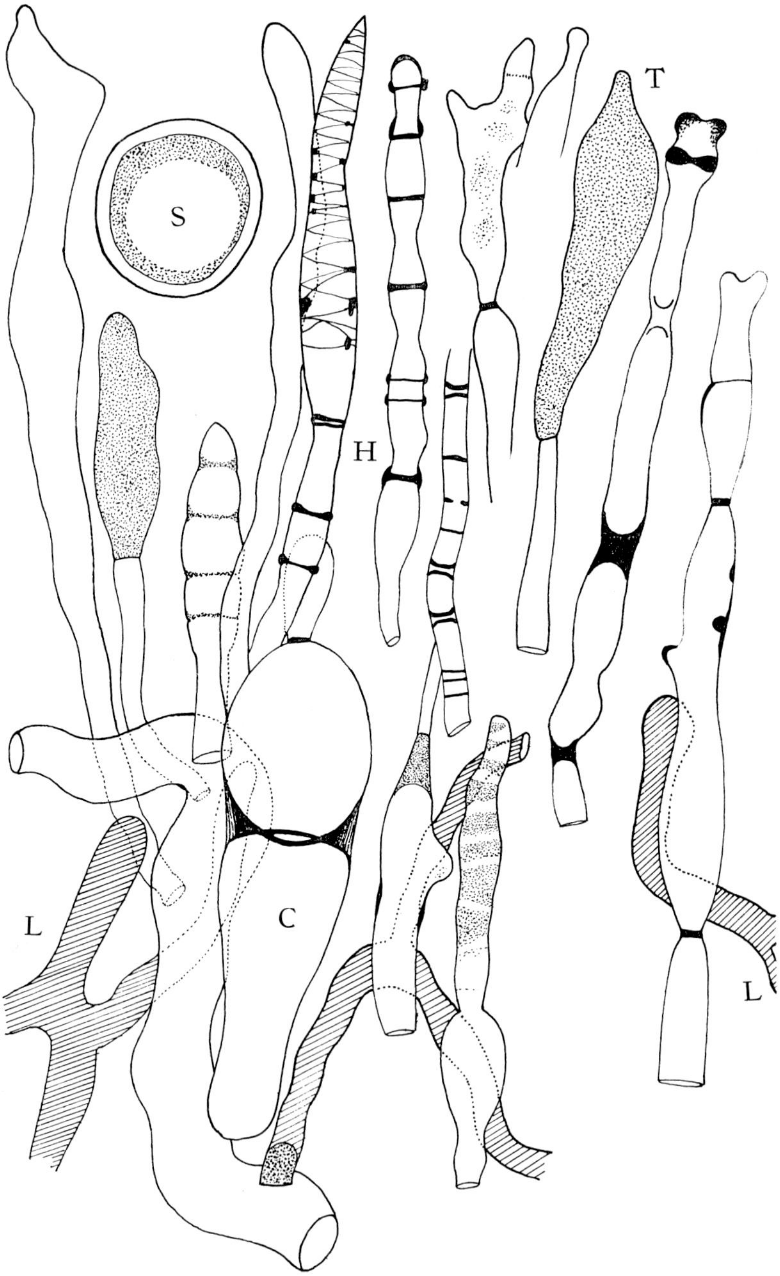

Fig. 28. — *T. citriophyllus* : structure du mamelon piléique montrant les éléments en palissade ; hyphes dressées, H, à épaississements plasmatiques, terminaisons cystidiformes, L, laticifères, T, fragments de chaîne à cellules ovoïdes, C, souvent groupées par deux ; en S, un sphérocyste provenant du blématogène.

Gross. 1000

HABITAT ET REPARTITION GEOGRAPHIQUE

Trouvé sur termitières enfouies aux environs de Macenta (Côte d'Ivoire), fin avril 1939.

POSITION

Cette espèce, par ses caractères physionomiques apparents, ressemble vivement au *Termitomyces fuliginosus.* Elle paraît proche également du *striatus,* sauf par son mamelon bien différencié. Mais ses lamelles jaunes et non blanc crème ou rosâtres permettent, déjà à la récolte, de lui assigner une place particulière. Les caractères anatomiques et microscopiques confirment cette indépendance : les spores, tout d'abord, se distinguent assez nettement de celles de tous les autres Agarics termitophiles, par leurs dimensions relativement grandes (longueur ± 10 μ), par leur forme un peu moins étroite, par la variabilité de leur taille qui atteint parfois, dans leur longueur, le double de celle des spores de la plupart des espèces des termitières. Les cystides à membrane réfringente sont plus nettement piliformes. Les basides ont une taille relativement grande. Les éléments du revêtement, en palissade sur le mamelon, couchés dans la partie marginale, comportent des hyphes beaucoup plus filamenteuses, beaucoup moins sporoïdes, et aussi plus nettement lactifères, que chez les autres formes. Ces caractères différentiels suffisent à lui apporter sa personnalité spécifique.

Par sa couleur, par l'aspect final de son piléus qui s'étale et dont les bords se relèvent à la fin, par l'inactivité de la chair vis-à-vis des réactifs des oxydases, même du pyramidon, le **T. citriophyllus** est nettement plus proche du *fuliginosus* que de toute autre espèce.

Nous n'avons pas recueilli de jeunes exemplaires, mais la découverte sur le piléus, çà et là, de quelques sphérocystes de 15 à 20 μ de diamètre, à épaisse paroi, au plasma peu abondant, nous confirme dans cette certitude que l'évolution souterraine de ce champignon est absolument analogue à celle du *Termitomyces striatus* et de toutes les autres formes d'*Eu-Termitomyces,* strictement liées aux meules.

4. **Termitomyces globulus** Heim et Goossens

LE CARPOPHORE

CARACTERES MACROSCOPIQUES

Espèce de forte taille.

Le *chapeau,* de 15 à 20 cm de diamètre, d'abord en cloche subsphérique ocracé sale, puis globuleux et à peine mamelonné, enfin s'étalant, à bords longtemps et amplement enroulés, restant infléchis-rabattus, grossièrement irrégulier, ocracé brunâtre pâle ou fauve, plus clair vers la marge, plus foncé vers le centre, subglabre, peu distinctement vergeté-strié radialement sauf sur les bords, lisses, à revêtement nettement séparable, se termine par un *perforatorium* bas, conique-obtus, large, peu individualisé mais puissant, gris nuancé de fauve.

Le *pied* long de 10-20 cm, large de 1,5-2,5 cm, est puissant, irrégulier, cylindracé, à peine élargi au sommet, plus ou moins fortement fibrotordu, plein, aisément séparable, crème, se prolongeant brusquement par une longue *pseudorhize*, solide, relativement grêle, cylindrique, fauvâtre sale ou roussâtre.

Les *lamelles* libres, serrées, assez étroites, plutôt minces, très rétrécies aux extrémités, à arête entière, au profil sinueux, blanches, puis rosé pâle, enfin ocracé assez foncé, sont accompagnées de nombreuses lamellules.

La *sporée* est crème incarnat.

La *chair* est assez mince dans le chapeau, ferme, spongieuse, puis s'amollissant, dure dans le pied, à odeur agréable et saveur succulente.

CARACTERES CHIMIQUES

Le gaïac et le pyramidon ne réagissent probablement pas.

CARACTERES MICROGRAPHIQUES

Les *basidiospores* obovoïdes-amygdaliformes mesurent $6,3$-$6,7 \times 3,5$-$4\ \mu$ environ. L'arête lamellaire est hétéromorphe avec cystides polymorphes, également faciales, les unes globuleuses ou brièvement piriformes, de 28-60×20-$25\ \mu$, les autres étroites, cylindracées-onduleuses, souvent capitées au sommet, parfois larges de 5-$8\ \mu$, 1-3 septées notamment à la base, lagéniformes ou sublosangiques, accompagnées de quelques éléments intermédiaires, toutes à paroi égale, assez épaisse, réfringente. (Fig. 29.)

HABITAT ET REPARTITION GEOGRAPHIQUE

Sur termitières enterrées, en forêt sèche du district central et du Lac Albert, décembre, Congo ex belge, en forêt, La Maboké (R.C.A.), leg. R. HEIM.

OBSERVATIONS

Cette espèce pourrait être rapprochée du *Termitomyces striatus* dont elle se distingue par son pied robuste, son perforatorium proéminent et finalement arrondi, dont la couleur foncée se détache sur le reste du chapeau lobulé, irrégulier, qui demeure pâle, d'un ocre clair parfois un peu citrin, et apparaît glabrescent et lisse.

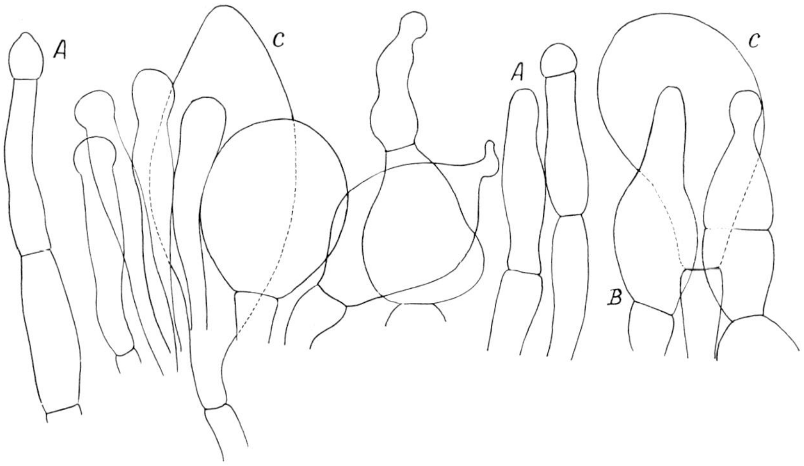

Fig. 29. — *Termitomyces globulus* : cystides hyméniennes se référant à deux types cylindracé-septé (A) et globuleux (C), avec quelques éléments, proches du premier, mais lagéniformes-appendiculés (B).

Leg. Mme GOOSSENS-FONTANA
Gross. 500

STIRPE CLYPEATUS

Espèce de taille moyenne ou petite ; à long perforatorium aigu et acéré de teinte très foncée, comme généralement le reste du chapeau ; pseudorhize blanchâtre et grêle . . . . *Termitomyces clypeatus* HEIM.

Termitomyces clypeatus HEIM
Pl. I, Fig. 2, c, d, e.

LE CARPOPHORE

CARACTERES MACROSCOPIQUES

Espèce de petite ou de moyenne taille.

Le *chapeau,* de 5 à 10 cm de diamètre, n'atteint guère cette dernière dimension quand il est étalé, mais il est tout d'abord à l'état adulte étroitement cylindracé-ogival enserrant même le haut du pied, puis galériculé-aculéiforme, livrant une distinction très marquée dans les deux parties constitutives. La première concerne le piléus proprement dit, bombé ou hémisphérique, puis convexe, à la fin s'étalant incomplètement, à marge irrégulière, lobulée, longtemps infléchie subinvolutée ; celui-ci est brun foncé à l'état jeune, puis il pâlit : brun clair, gris bleuté, ou violeté, cendré clair, gris d'argent, finement fibrilleux-soyeux et radialement striolé-vergeté délicatement. La seconde comprend le perforatorium, central ou un peu excentrique, très individualisé, à la fois long et assez puissant, la hauteur atteignant le tiers ou le quart du diamètre du chapeau, régulièrement conique-spiniforme, toujours très aigu-acéré au sommet, mais non valléculé, droit, généralement plus foncé que le reste du chapeau, brun ou brun noir, rarement concolore, à sa base en continuité de profil avec le corps du piléus.

Le *pied* est long, grêle même dans sa partie aérienne, de 5-10 cm de hauteur sur 0,5-0,9 cm de largeur, renflé légèrement en haut ou vers le milieu, blanc, blanchâtre ou paille nuancé d'ocracé clair, glabre, privé de tout indice de voile annuliforme ; il se sépare aisément du chapeau ; plein, il se prolonge par une longue pseudorhize étroite, cylindrique, fragile, blanche.

Les *lamelles* sont libres, serrées, étroites, assez minces, à arête entière, presque horizontale, blanc ivoire puis mêlées d'incarnat ; elles sont accompagnées de deux séries de lamellules.

La *sporée* est rose ocré.

La *chair,* ferme, puis tendre, blanche, mince dans le chapeau, offre une odeur fine et agréable et une saveur de noisette.

CARACTERES MICROGRAPHIQUES

Spores et *cystides* sont caractéristiques du genre : les premières de 6,5-7 (-8,5) $\times$ 3,7-3,9 (4,5) μ, obovoïdes, subamygdaliformes ; les secondes à la fois faciales et marginales, piriformes ou subglobuleuses, à paroi assez épaisse et réfringente.

HABITAT ET REPARTITION GEOGRAPHIQUE

Sur termitières, en forêts sèches ou humides, groupé densément, notamment au sein de la formation à *Macrolobium Dewevrei*, également au pied des bambous, parfois dans la savane à herbes courtes. Les carpophores sont, fréquemment, très nombreux à la saison des pluies. Ce *Termitomyces* se révèle commun au Congo ex belge : district forestier central, du Lac Albert, du Kasaï, en septembre.

OBSERVATIONS

Cette espèce, très répandue en certaines régions du Congo ex belge, correspond à l'un des Agarics termitophiles les plus recherchés des autochtones pour la sapidité de sa chair et sa relative abondance. Elle existe très probablement en Oubangui, peut-être au Congo-Brazzaville.

C'est surtout grâce aux exemplaires recueillis par Madame GOOSSENS, que les particularités de ces *Termitomyces* ont pu être précisées. BEELI, examinant ces spécimens, leur a appliqué la dénomination de **Pluteus** et de **Schulzeria Goossensiae.**

Ce champignon est bien caractérisé par sa petite taille et le perforatorium dominant et acéré. Ces deux indices font penser au *Termitomyces perforans* HEIM qui constitue une entité physionomiquement proche mais beaucoup plus petite, représentant probablement le stade mineur ultime des *Termiomyces*, le plus petit des Agarics termitophiles.

STIRPE LANATUS

Espèce de taille moyenne mais puissante, dont le chapeau, qui reste longtemps bombé, est enveloppé par un voile général épais, entièrement farineux, recouvrant un damier aux tracés veloutés-ouatés. Sur le pied subsiste un anneau déchiré et irrégulier accompagné de lambeaux : **Termitomyces lanatus** HEIM.

Termitomyces lanatus NOV SP.

Termitomyces lanatus HEIM nov. sp.

Pileo statura modica, diu gibbosos, umbone lato et parum manifesto, et plumbeo albido, in margine striato, rimoso, et reticulo latis maculis, cujus descriptio cum squamis farinosis sub specie scientillarum araneosarum subsistentibus congruit. Stipite robusto, in parte emergente albido, in pseudorrhiza subterranea obscure fusco, cujus fibrae praebent flexum in cochleam retortum qui cum nisu ascendenti illius radiculae congruit. Lamellis stipatis, angustis, et pallidissime viridulis stramineis. - Ad Boukoko (R.C.A.), XI, 1966.

Cette remarquable et puissante espèce a été recueillie trois fois, en plusieurs exemplaires, aux environs de Boukoko. Quoique les documents descriptifs que nous possédions sur elle soient limités, nous lui attribuerons un état-civil grâce à nos kodachromes en attendant peut-être une caractérisation détaillée.

Elle est reconnaissable aisément parmi tous les composants du genre, se différenciant de celles-ci par sa corpulence, son chapeau d'une dizaine de cm de diamètre, qui reste longtemps bombé, même après ouverture de l'hyménium, sans s'étaler complètement, son umbo finalement large et peu marqué, obtus, puissant et lisse.

Les reliques membraneuses du pied dérivent d'un anneau supère, mou, laineux-farineux, disloqué ; mais c'est surtout de longues et larges mèches et plaques apprimées, irrégulières, mais délimitées, brun noirâtre quelque peu laineuses, provenant du *voile général,* qui donnent à l'espèce sa particularité essentielle : elles recouvrent partiellement jusqu'au début du stade adulte le revêtement piléique blanchâtre. (Fig. 30 et 31.)

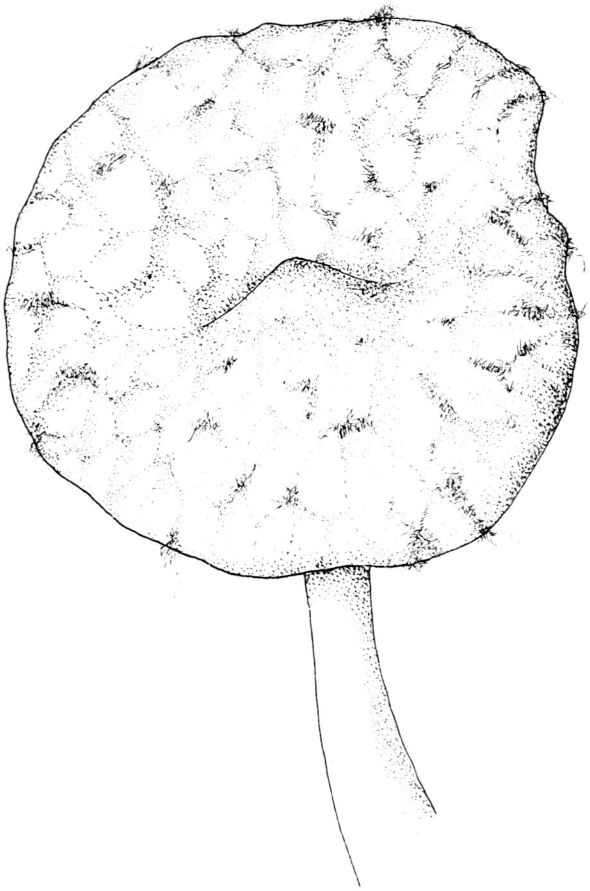

Fig. 30 et 31. — *Termitomyces lanatus* : un échantillon adulte, dépouillé de son revêtement piléique, laineux-farineux, sauf pour les attaches de celui-ci au chapeau. Boukoko.

Gr. nat.
31, phot. R. HEIM

Le *chapeau* apparaît tout d'abord blanc de plomb, assez nettement strié sur la marge qui est longtemps recourbée mais non enroulée, entièrement crevassée de brèves déchirures ; à l'état final d'évolution il est marqué d'un carrelage à larges mailles dont les tracés correspondent probablement aux périmètres des écailles farineuses dont certaines subsistent sous forme de flammèches arachnoïdes suivant les tracés linéaires du réseau et se maintiennent jusqu'à l'état de vétusté du champignon.

Le *pied* est irrégulier, inégal mais robuste, longtemps blanchâtre dans la partie aérienne, et brun foncé sur la pseudorhize hypogée dont les fibres montrent nettement la courbure hélicoïdale qui correspond à l'effort ascensionnel de ce cordonnet.

Les *lamelles,* serrées, étroites, paille, pâles, offrent une tonalité subtilement verdâtre.

CHAPITRE VIII

NOS RECHERCHES RÉCENTES
SUR LES *EU-TERMITOMYCES* DES INDES (1967)

Pl. VII.

Termitomyces albuminosus (BERK.) HEIM
(= Term. cartilagineus)

NOTES BIBLIOGRAPHIQUES

Le *Termitomyces albuminosus* de même que l'espèce mineure *microcarpus* se sont montrés abondamment à nos yeux au cours de l'expédition que nous avons entreprise en juillet-août 1967 avec notre ami R.G. WASSON dans les provinces du Bihar et de l'Orissa, parmi les populations santales, tandis que des formes intermédiaires se révélaient faisant transition entre les *Eu-Termitomyces* et le *Prae-Termitomyces microcarpus* (1). Nous introduirons ces résultats, succinctement, dans le présent volume.

Auparavant, B.K. BAKSHI avait consacré une brève note (1951) (2) au « *Collybia albuminosa* (BERK.) PETCH » qu'il avait recueilli in New Forest, Dehra Dun. Déjà BOSE (1923) avait signalé sur des nids en activité de l'*Odontotermes obesus* en Barkuda la présence du *Collybia albuminosa* et sur les termitières abandonnées celle, bientôt manifestée, de Xylarias dont *nigripes*. Mais cet auteur a probablement confondu la prétendue couleur « turned green like green moulds » des masses et filaments mycéliens du Xylaire saprophyte et secondaire avec celle des moisissures qui revêtent les meules. En effet, ainsi que nous l'avons constaté après BATHELLIER : « lorsque le champignon entre dans la période de dépérissement, il est envahi par des moisissures, fréquemment par un *Penicillium* et un *Aspergillus*. » BAKSHI donne quelques indications sur l'anatomie des *spheres* qu'il a réussi à faire croître en conditions artificielles, ainsi que je l'avais déjà obtenu depuis 1939. Il confirme encore la présence du *Xylaria nigripes* sur les meules abandonnées et mentionne la formation de sclérotes « probably belong to *Xylaria* », ce qui est cer-

---

(1) On se reportera à l'historique générale, pour la documentation propre à la découverte des *Termitomyces* en Asie méridionale. Arch. du Muséum 1942.
(2) Fungi in the nest of *Odontotermes obesus, Indian Phytopathology,* IV, 1, 1951.

tain a été mentionné par divers observateurs et par nous-même : ce sont les formations sclérotiques du Xylaire.

Rappelons que BERKELEY avait désigné les « spheres » sous le nom d'*Aegerita duthiei* « which belongs to Moniliales » et CIFERRI sous celui d'un genre nouveau — complètement inutile — *Termitosphaeria* ; ce dernier auteur signale encore que CHEO (1942) interpréta cette Moniliale comme une forme conidiale de l'Agaric, ce que nous avions déjà mentionné (1939) ; il rappelle qu'en 1951, LUSCHER (1) « observed that the spheres are caten so rarely that they scarcely play a large part in nutrition of termites » ce qui avait été précédemment établi par GRASSÉ et adopté par nous-même.

Par la suite (*in litt.*, 10-IV-1962), le DR BAKSHI nous envoyait un fragment du « *Termitomyces albuminosus* (BERK.) HEIM », découvert dans la région de New Forest le 22 août 1961, accompagné d'une description précise qui correspond parfaitement à l'identification qu'il en avait faite et que nos récoltes ultérieures en Inde devaient confirmer. Nous reproduisons ici la photographie que nous devons à son amabilité. On notera non seulement l'identité des indices microscopiques mais celle de l'aspect même des carpophores révélée, d'autre part, par les dessins que nous avons pris sur le terrain en 1967, j'entends la forme ogivale du chapeau à l'état jeune, qui se prolonge assez longuement.

A mentionner que BAKSHI ignorait l'important travail de J. BATHELLIER sur les termites champignonnistes d'Indo-Chine, paru en 1927.

DESCRIPTION SUCCINCTE

Jeune, le *chapeau* demeure fermé assez longtemps, il est blanc ou ocre brunâtre sale et affecte de manière très caractéristique la forme régulièrement ogivale ou turbinée, sans aucun indice de mamelon ; à l'âge adulte, quand il est étalé, ou presque, il atteint 11 cm, parfois 13,5, rarement jusqu'à 15 ; sa teinte varie alors du blanc pur au paille ocre et sa marge demeure paille ; il est marqué de fines stries radiales, souvent interrompues ; le perforatorium n'apparaît qu'à l'issue de la croissance, il est pointu, acéré, soit aigu, soit obtus, bien différencié, proéminent, brun ou brun noir, parfois il est accompagné de fines mèches concentriques et concolores.

Le *pied,* nu dans la forme *cartilagineus,* ou à anneau simple ou double, ou à voile appendiculé ou déchiré, est nettement élargi au sommet et s'amincit régulièrement vers le bas, il se montre fréquemment quelque peu excentrique ; sur la meule, la pseudorhize irrégulière, inégalement large, vite creuse dès la base, est fixée par un épaississement en pied d'éléphant qui adhère assez fortement à son support ; comme le stipe, elle est blanchâtre.

----

(1) LUSCHER (M.). Significance of 'fungus gardens' in termite nests. *Nature,* 167.

Les *lamelles,* étroites et serrées, d'abord blanches, puis carnées, rose clair à la fin, sont libres ; elles sont de couleur d'un paille clair quand le chapeau étalé offre une teinte délicatement orangée.

La *chair* est blanche. Elle vire sous l'action des réactifs des oxydases : gaïac, gaïacol, pyramidon, surtout dans le chapeau et le sommet du pied.

La sporée est rose orangé.

Les caractères micrographiques sont ceux des *Termitomyces* en général : spores elliptiques, de $7 \times 4,5$ μ en moyenne, cystides nombreuses ou

Fig. 32. — *T. albuminosus,* sur meules de *Odontotermes obesus.*

Réduit au quart
DEHRA DUN, phot. B.K. BAKSHI

non, marginales et faciales, claviformes, atteignant 12-40 μ de large, notablement débordantes (jusqu'à 30 μ). (Fig. 32, 33, 34.)

En forêt, parfois entre les arbres, aux termitières souterraines ou aériennes, sur des meules grossières et compactes.

Nos récoltes proviennent de Bisoï (juillet 1967), de Gurguria, de Kathikund (août 1967).

REMARQUES ADDITIVES

Les **Termitomyces albuminosus** non épanouis correspondent au stade où les Santals les consomment le plus volontiers. Cette forme jeune présente un profil ogival qui nous conduit à l'interpréter comme un indice

distinctif que n'offre pas le *T. striatus* (BEELI) qui est l'espèce africaine
la plus commune et celle qui se rapproche de plus près du Champignon
propre au Sud-Est asiatique et aux Indes. Il est à noter que la chair de
ce dernier est sensible au gaïac, surtout dans le chapeau et en haut du

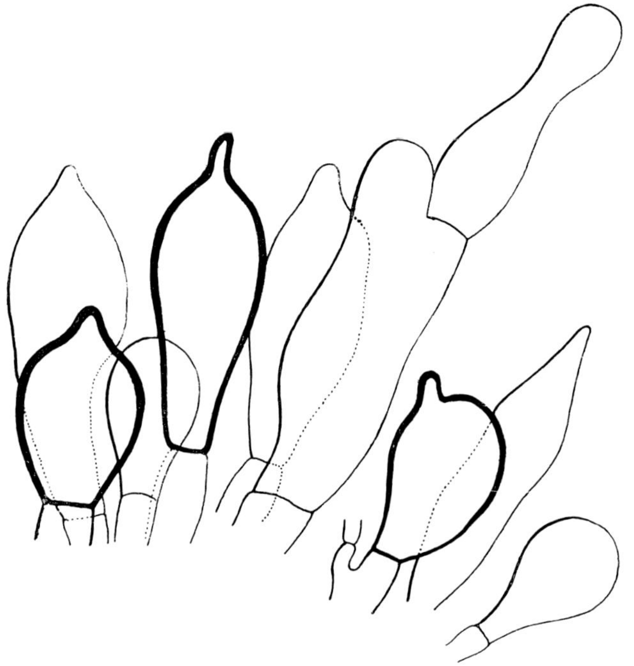

Fig. 33. — *T. albumi-
nosus* f. *cartilagineus* :
cheilocystides, générale-
ment à sommet étiré.

GROSS. 1000
(Ech. Bathellier, n° 1,
Cay Bé, Indochine)

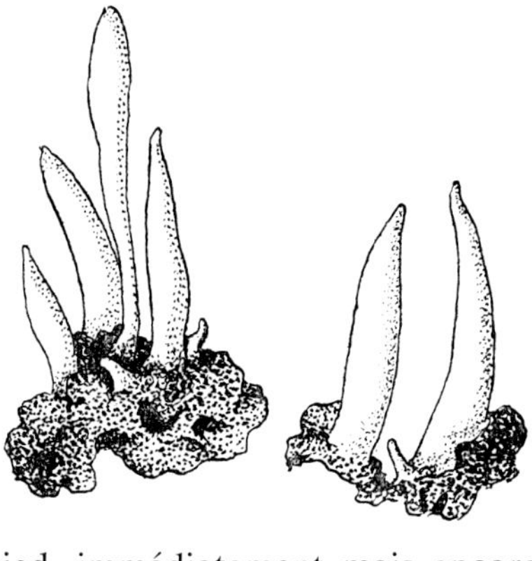

Fig. 34. — *T. albuminosus* : Amorces de
pseudorhize croissant sur meules.

Gr. nat.
Leg. R. HEIM, Bihar

pied, immédiatement mais encore lentement, contrairement à l'espèce africaine insensible à ce réactif, mais elle réagit pareillement au pyramidon.

Un autre caractère s'applique à l'absence fréquente de perforatorium
— mais pas constante — et à la durable persistance de l'état angiocarpe
lié à la présence d'un anneau membraneux irrégulier, déchiré, générale-

ment se scindant en deux colliers. Le voile partiel, annuliforme, subsiste
après déchirement. Il semble que le perforatorium, qui est rarement dominant, apparaisse très rapidement lors de l'étalement du champignon. Jeunes
encore, les chapeaux, parfois un peu viscides au sommet, sont blancs ou
colorés en ocre brunâtre sale.

Le pouvoir de fructification d'une seule meule, en forêt, est fort élevé.
Les primordiums sont nombreux. On rencontre fréquemment dans le
même nid enterré des meules avec un carpophore complètement épanoui
qui voisine à sa base avec plusieurs primordiums atteignant 1 à 2 cm de
hauteur.

FORMES AFRICAINES ET FORMES ASIATIQUES

Dans notre deuxième mémoire sur les *Termitomyces,* publié dans
les Archives du Muséum, nous avons discuté de la position spécifique du
Termitomyces cartilagineus (BERK.) HEIM du Sud-Est asiatique que nous
considérions comme la forme exannulée du *Termitomyces albuminosus*
ou « *Volvaria eurhiza* » de PETCH. Mais nous ne disposions que des échantillons, en assez mauvais état, recueillis par BATHELLIER en Indo-Chine.
Ainsi avons-nous supposé que l'espèce asiatique pouvait être assimilée
à l'une des espèces africaines, en l'occurrence : *striatus.* A la lumière de
nos récoltes faites depuis en Inde, nous pensons aujourd'hui que le *Termitomyces* qui croît en ce pays, comme dans d'autres régions du Sud asiatique et du Pacifique, doit être en définitive désigné sous un nom qui
lui appartient, soit **albuminosus**, soit **cartilagineus**, mais il est certain que
les formes africaines et asiatiques du groupe *striatus* constituent une mosaï-
que de champignons, à la fois proches et variables, très malaisés à distinguer. Nous ne pénétrerons plus dans le dédale bibliographique auquel ont
été associés BERKELEY, DE SEYNES, HENNINGS, PATOUILLARD, PETCH,
BATHELLIER, sur lequel on pourra se reporter. Le fait que la plupart des
relations concernant ces champignons ne portent aucune indication précise sur leur habitat rend d'ailleurs plus délicate encore leur détermination
exacte.

Nous nous contenterons de dire que l'espèce asiatique est physionomiquement reconnaissable à la forme de son chapeau plus ovale que dans
les entités africaines, à son volume exactement obovoïde ou prépuciforme
à l'état jeune puis parfois un peu campanulé, mais jamais mamelonné sauf
lors de l'épanouissement final où un mamelon épais, puissant mais obtus,
peut apparaître, rapidement sans doute. Comme dans le *striatus* africain
et dans d'autres espèces du continent noir l'anneau est variable, le plus
souvent *ascendant* et résultant de la rupture du voile général, l'insertion de
la pseudorhize sur la meule correspondant à un coussinet relativement
épais, discoïde, mais non sclérifié, blanc, en forme de pied d'éléphant.
Mais l'essentiel de nos remarques s'applique bien au rapprochement étroit
entre les variations des voiles dont les formes asiatiques d'une part (*albuminosus* et *cartilagineus*), les formes africaines d'autre part (*striatus* anne-
lée ou non) forment les suggestifs exemples.

TROISIEME PARTIE

VERS UNE EXPLICATION LAMARCKIENNE APPLIQUÉE AUX PARTICULARITÉS DES *TERMITOMYCES*

CHAPITRE IX

LES *PRAE-TERMITOMYCES* ET LEURS ASSOCIÉS

Subgenus **Praetermitomyces.**

Primordia ex nido ab termitibus expulsa, ex cellulis saepissime globatis sine ordine dispositis constantia. Neque velo universo proprio, neque radice, neque velo partiali. Margine pilei involuta, dein inflexa. Cute ex hyphis jacentibus constante.

SOMMAIRE

INTRODUCTION

Indépendamment des *Termitomyces* cavernicoles, Agarics termitophiles croissant sur meules souterraines dans les nids de *Macrotermitinae* d'Afrique intertropicale et d'Asie méridionale, et provenant des mycotêtes à structure levuroïde qui en sont les primordiums cavernicoles, une espèce beaucoup plus petite, recueillie précédemment auprès des nids de ces insectes, croît à partir de primordiums expulsés des termitières par ces animaux et répandus par eux à la surface du sol, dans le voisinage immédiat. Ici, la croissance de l'Agaric ne se poursuit donc pas à travers le ciment de la termitière jusqu'à l'épanouissement du chapeau hors de celle-ci ainsi qu'il est normal pour tous les autres *Termitomyces* ou *Eu-Termitomyces*. Elle s'effectue entièrement à l'air libre ou à faible profondeur. Du moins est-ce là la thèse qui s'impose, confirmée par nos propres observations. En effet, l'étude de ce champignon termitophile et aérien ou *Termitomyces microcarpus* (BERK. et BR.) HEIM a fait l'objet de nos investigations depuis 1939 après les opinions émises auparavant, que nous ne pouvons qu'infirmer, quant à la position systématique de cette forme. Incluse successivement par PETCH — suivi à ce propos par BOTTOMLEY et FULLER — dans le genre *Entoloma* (*E. microcarpum*), par PATOUILLARD dans le genre *Mycena* (*M. microcarpum*), par BEELI encore dans cette même coupure (*Mycena termitum*) cette entité nous a orienté vers une autre explication. L'examen embryologique et descriptif précis du champignon, collecté à nouveau au Cameroun par H. JACQUES-FÉLIX, en Haute-Guinée et en de nombreuses localités d'Afrique Noire par nous-même, nous a conduit à placer cette petite espèce parmi les *Termitomyces* : le développement typiquement hémiangiocarpe, les particularités de la configuration, de la structure et de la couleur des spores, la clivabilité des lamelles, le caractère régulier de la trame de leurs lames, la séparabilité de la chair du stipe et du chapeau, la présence et la forme des cystides hyméniennes saillantes, à membrane réfringente, l'existence d'un indice de mamelon piléique équivalent à un perforatorium, plus manifeste chez l'adulte dans le seul cas où les carpophores ont poursuivi leur développement à une certaine profondeur, l'anatomie des mycotêtes primordiales constituaient autant de critères se trouvant à la fois dans les *Termitomyces* à mycotêtes cavernicoles et à pseudorhize souterraine — les *Eu-Termitomyces* — et dans ce *Mycena microcarpum* dont la position s'imposait ainsi parmi les *Termitomyces,* mais dans une section bien délimitée, celle des *Prae-Termitomyces.* Ajoutons que ce *T. microcarpum* manifestait en commun avec certains *Termitomyces* « vrais » une réactivité de la chair au pyramidon et l'absence complète de tout indice de voile chez l'adulte. Par contre, certains traits le séparaient de l'ensemble des *Eu-Termitomyces :* la taille se montrait beaucoup plus faible, n'excédant pas 17 mm de diamètre alors que les plus petites espèces d'*Eu-Termitomyces,* jusqu'ici connues (excepté le *T. perforans,* de position douteuse), mesurent 8 cm, que le *cartilagineus* asiatique atteint en général 15 cm, le *Testui* entre 10 et 20 cm, le *Schimperi* et le *Giganteus* à peu près 25 à 30 cm ; la marge piléique se maintenait enroulée, le revêtement couché, même au sommet ; la structure des mycotêtes était inordonnée et leur nature non levuroïde, le blématogène restait indifférencié, l'angiocarpie moins profonde, la disparition ou l'affaiblissement du mamelon perforateur était évidente, la constitution relativement précoce des organes dans le globe primordial frappante. Ces diverses particularités paraissaient sous la dépendance de conditions de vie bien spéciales, sur lesquelles nous avons insisté, après avoir soumis à un examen critique les observations réunies à cet égard par PETCH, par BEQUAERT, par BOTTOMLEY et FULLER. Le cycle du *Termitomyces microcarpus*, plus simple, n'est hypogé que durant un laps de temps, les termites expulsant hors du nid les primordia dès que la fructification se prépare, et celle-ci ne se réalisant donc qu'en dehors des chambres et du nid, non pas sur les meules, mais sur le gâteau mycotique, lui-même, sur ou dans la terre. Et nous concluions que « les différences décelées entre *microcarpus* et les autres *Termitomyces,* plus apparentes que réelles, semblent bien résulter des conditions stationnelles différentes sous la dépendance desquelles ces deux groupes se trouvent respectivement placés ».

C'était donc admettre que les indices différentiels les plus manifestes qu'offrait le *Termitomyces microcarpus* étaient soumis aux facteurs édaphiques : absence de voile, silhouette amoindrie du perforatorium, dimensions relativement faibles des carpophores, devenaient des caractères d'ordre adaptatif, liés intimement à la biologie même de cette espèce qui, par suite du geste volontaire du termite, se retrouve placée dans des conditions de vie normales, non cavernicoles, soumises aux fluctuations de température et d'humidité que ne connaissent plus les *Termitomyces* cavernicoles, mais qui ont pu correspondre à celles auxquelles leur ancêtre présumé, avant sa soumission à la vie souterraine, était exposé. Tout en me gardant bien de considérer l'adaptation comme l'explication exclusive et rigoureuse de la survivance et des particularités les plus apparentes des *Termitomyces,* nous avons cru pouvoir insister sur la haute valeur expérimentale d'un exemple : « Nous touchons ici non seulement au problème de l'espèce, mais à celui du genre ; le principal intérêt offert par les Agarics termitophiles vis-à-vis de la biologie générale est bien là. Si l'action modificatrice et différenciatrice que peut exercer le milieu sur l'aspect de ces Basidiomycètes sont très vraisemblables, la persistance de certaines de ces modifications dans le cadre du genre touche à un problème d'une importance apparemment trop générale pour ne pas être soumis à toute la prudence nécessaire. »

Par la suite, nous avons recueilli à diverses reprises le *Termitomyces microcarpus* en Afrique Noire, notamment, et tout d'abord au Cameroun, à Ebolowa, les 16-17 août 1946, dans le Jardin d'essais de la Station agricole. Les échantillons étaient exactement conformes à la description donnée précédemment ; les carpophores atteignaient au maximum 2 cm de diamètre pour le chapeau et 6,5 cm pour la hauteur du stipe. Nous avons insisté sur les terminaisons de files cellulaires constituant la chair superficielle des mycotêtes, sur les éléments terminaux subulés caractéristiques, qu'on retrouve dans le feutrage mycélien sur la meule et parmi le revêtement du chapeau de l'adulte, ces cellules subulées mesurant 35-80 μ × 1,8-3 μ de large pour ce prolongement effilé. Nous rappelions les noms des termites associés à ce champignon — *T. vulgaris, transvaalensis, badius.* Nous signalions la présence de ce même *Termitomyces* mineur abondamment en Oubangui, dans la province de La Lobaye, et enfin nous le récoltions fréquemment lors de notre expédition aux Indes, en 1967, dans l'Orissa et le Bihar.

Nos observations concernant le mode de vie du *Termitomyces microcarpus* ont été vérifiées par deux auteurs anglais, R.M. NATTRAS et R.W. RAYER qui, de l'Est africain, à Nairobi, nous adressaient échantillons et croquis et nous écrivaient le 16 juin 1948 : « We had both observed that at the beginning of the rains, comb materiel was brought out of the nests by the termites and that in due course. *T. microcarpus* appeared on the ejects. » Ils adoptent notre point de vue sur la raison qui peut présider à cette expulsion, « an invasion by the agaric being thraestened ».

C'est ainsi que nous a été révélée l'existence d'une espèce d'Agaric africano-asiatique de haute constance, qui, physionomiquement éloignée de l'ensemble des *Termitomyces* souterrains, n'en constitue pas moins une entité étroitement apparentée à ceux-ci. Autrement dit, nous sommes en mesure de confirmer définitivement l'étroite parenté entre les deux groupes systématiques de termitophiles obligatoires (1).

---

(1) Une bibliographie à peu près complète du sujet a été présentée dans l'Introduction de notre premier travail d'ensemble, *Etudes descriptives et expérimentales sur les Agarics termitophiles d'Afrique tropicale* (Mémoires de l'Academie des Sciences de l'Institut de France, T. 64, 1940, pp. 1-20). L'historique qui suit ici en résume la matière.

CHAPITRE X

LE CAS DU *TERMITOMYCES* MICROCARPUS
(Berk. et Br.) Heim

Pl. I, Fig. 5, f, g, h et Pl. VI.

CARACTERES MACROSCOPIQUES

FORME NORMALE EPIGEE.

Le *Chapeau,* toujours petit, n'excède pas 10 à 17 mm de diamètre en général, très rarement plus ; d'abord campanulé pointu, il s'étale ensuite en gardant un large umbo obtus ; plus ou moins irrégulier, difforme, à marge non enroulée (sauf au début), à peine incurvée, puis droite, lobulée, crénelée, même lacérée, puis en outre fendillée, déchirée, il se montre irrégulièrement sillonné sur les bords et jusqu'à la moitié du rayon, même scrobiculé subtilement, glabre, lisse, blanc sale ou crème, d'abord plus foncé (gris clair), plus coloré au sommet d'un gris pâle à peine ocracé.

Le *stipe* est grêle, de 2 à 3 et jusqu'à 5 cm de hauteur, cylindrique, de 1,5 à 2 mm de largeur, raide, droit, plein, glabre et lisse, non strié, fibreux mais à éléments étroits, quelquefois tordu, blanchâtre ou crème grisâtre, constamment plus clair que le chapeau ; sa base est fortement renflée en un bulbe irrégulier, de 2 à 3 mm de diamètre, soudé partiellement aux primordiums et aux granulations argileuses voisines.

Les *lamelles* moyennement serrées (48-60), plutôt épaisses, larges de 1 à 2 mm, subtrigones amincies aux extrémités (surtout vers l'angle postérieur), à marge inégalement, largement et peu profondément échancrée, non veinées, privées de lamellules, se clivent longitudinalement à l'étirement, selon le plan médian.

La *chair* blanche, fibreuse, tenace, même très résistante à l'extension dans le stipe, est inodore et de goût agréable quoique tardivement un peu amère.

HABITAT

Le champignon forme de larges touffes atteignant plusieurs dm² ; il croît sur un gâteau mycotique épais de 1 à 2 cm, constitué par des mycotêtes et primordia granuliformes, irrégulièrement globuleux, de 0,5 à 2 mm de diamètre environ, soudés lâchement et cimentés par des filaments mycéliens mêlés de micelles d'argile, déposées par les termites (*Bellicositermes natalensis*).

La présente description a été établie sur des échantillons recueillis, au Cameroun, par H. JACQUES-FÉLIX.

FORME SEMI-HYPOGEE.

Dans cette forme, spécifiquement inséparable de la précédente, le gâteau mycotique reste enfoui à une profondeur variable pouvant atteindre 5 ou 6 cm, par suite de raisons toutes fortuites : terrain plat, non lavé par les eaux, ou bien parce que les termites se sont contentés d'expulser les mycotêtes sous la surface du sol. Nous avons pu constater que, malgré le voisinage de la termitière souterraine, le gâteau mycotique, extérieur à elle, n'offrait aucune connexion avec des meules proprement dites.

Les échantillons que nous avons trouvés dans ces conditions, en Guinée, offrent quelques particularités morphologiques très apparentes à côté des caractères de structure et d'hyménium normaux, identiques à ceux de la forme du Cameroun :

1° les stipes sont nettement plus longs, atteignant jusqu'à 8 cm de hauteur ;

2° ils sont souvent soudés longitudinalement, par 2, 3, 4, sur une partie de leur parcours ;

3° les mycotêtes sont un peu plus grosses : 0,6 à 1,2 mm contre 0,4 à 0,8 mm ;

4° le piléus, au lieu d'être campanulé comme dans la forme normale épigée, montre un mucron aigu, proéminent, régulier et constant, glabre et plus pâle que le reste de la cuticule.

Ce dernier caractère démontre la valeur de notre hypothèse relative à la nature et à la signification du mamelon perforateur des Agarics termitophiles, lié au trajet souterrain du carpophore qu'il précède. Il reste sous la seule dépendance d'une excitation extérieure : c'est la résistance du terrain qui provoque sa formation. Il est un organe fonctionnel d'origine stationnelle, et non pas variétal.

Echantillons examinés : Haute-Guinée, forêt primitive, région de Macenta, etc...

CARACTERES MICROGRAPHIQUES

HYMENIUM

Les *spores* sont obovoïdes, un peu cylindracées, de 5,6-6,9 × 3,7-4,8 μ (de même longueur, mais un peu plus étroites dans les échantillons épigés du Cameroun où les plus grandes fréquences sont de 6-6,2 × 3,7-4,2 μ contre 6-6,7 × 4,2-4,7 μ pour les exemplaires guinéens), à appendice hilaire court, tronqué. Elles sont crème incarnat vues en masse, presque hyalines ou légèrement rosées, sans globule et non amyloïdes vues au microscope.

Les basides, tétraspores, claviformes-renflées, naissent « en candélabres » sur les hyphes du sous-hyménium, et mesurent 21-30 × 7,5-9,5 μ.

L'existence de *cystides,* faciales et marginales, mérite quelques remarques. On peut pratiquer plusieurs dizaines de coupes à travers l'hyménium dans des échantillons différents sans en rencontrer une seule. On pourrait donc certifier que l'espèce est acystidiée. Cependant, des coupes multiples finissent par mettre en évidence quelques cystides dispersées ou isolées, parfois groupées sur l'arête, globuleuses, ovoïdes, piriformes, losangiques ou sphériques-pédonculées, de 20-48 × 11-28 μ, un peu ou à peine émergentes, à membrane égale mais assez épaisse (1-1,3 μ) et réfringente (1). Ces cystides sont presque toujours à profil entier. Rarement (deux fois nous avons observé cette particularité), elles offrent une ou deux bosses sommitales.

On peut rencontrer également des terminaisons lactifères variqueuses, à membrane bien visible, assez épaisse, en continuité avec des hyphes oléifères, venant saillir hors du niveau supérieur des basides, et non cloisonnées ; elles mesurent dans leur partie supérieure, étroite, 5-8 μ de large.

La trame des *lamelles* comporte un médiostrate régulier constitué de quelques grosses hyphes cylindracées, ou longuement allantoïdes, de 8-13 μ et jusqu'à 18 μ de large (12-15 le plus souvent), parallèles, mêlées d'hyphes peu fréquemment cloisonnées à proximité de l'arête, parfois à cellules très longues, même oléifères cylindracées, çà et là renflées, absorbant vivement les bleus acides. Ces éléments se raccourcissent et se séparent dans la partie voisine de l'hypophylle auquel ils se mêlent.

Le *sous-hyménium,* finement rameux-branchu, se prolonge peu distinctement dans une couche hyménopodiale filamenteuse non véritablement

---

(1) Ce caractère éminemment rare des vraies cystides. cependant parfaitement différenciées, fait penser à d'autres cas analogues : celui des *Melanoleuca,* par exemple, genre caractérisé notamment par l'existence de cystides acuminées et encapuchonnées de fins cristaux d'oxalate de calcium, mais qui, dans certaines espèces, peuvent être abondantes ou au contraire extrêmement rares, même indécelables (*Mel. vulgaris, evenosa*) (R. HEIM et L. REMY); on trouve des cas semblables chez les Mycènes (*M. alcalina, haematopus*), (R. KÜHNER).

différenciés, à éléments de 3-4,5 μ de large, assez fortement chromophiles. Cette strate sous-hyméniale reste emmêlée, de direction générale plutôt parallèle au plan de symétrie de la lamelle, en tout cas non pas divergente comme l'hyménopode du *Termitomyces striatus*.

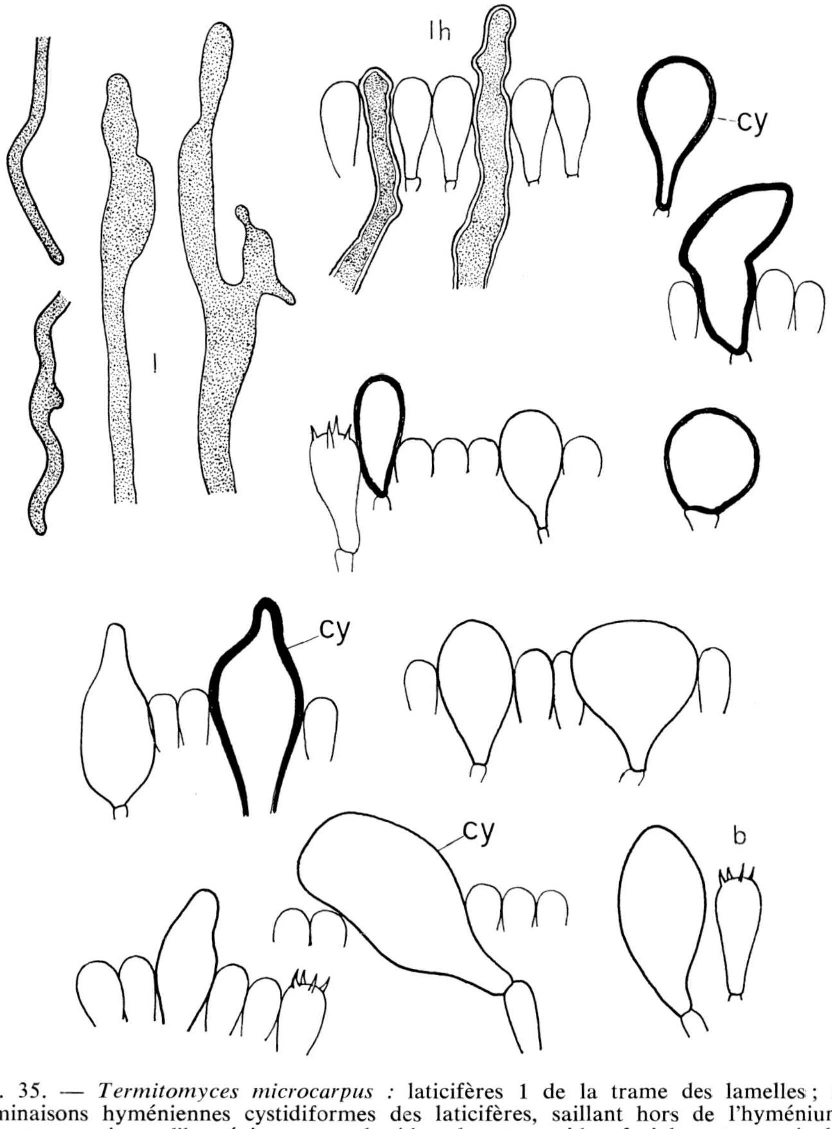

Fig. 35. — *Termitomyces microcarpus* : laticifères 1 de la trame des lamelles ; ih, terminaisons hyméniennes cystidiformes des laticifères, saillant hors de l'hyménium ; le reste, portions d'hyménium avec basides, b, et cystides faciales et marginales. Cameroun.

Cy. gross. 750
Leg. H. Jacques-Félix

La lame se clive aisément par étirement, selon un plan médian, sans que l'hyménopode participe à ce mécanisme. La nature du médiostrate suffit à expliquer cette particularité due au petit nombre, à l'indépendance, au parallélisme des longs éléments formant la partie médiane des lamelles. (Fig. 35, 36).

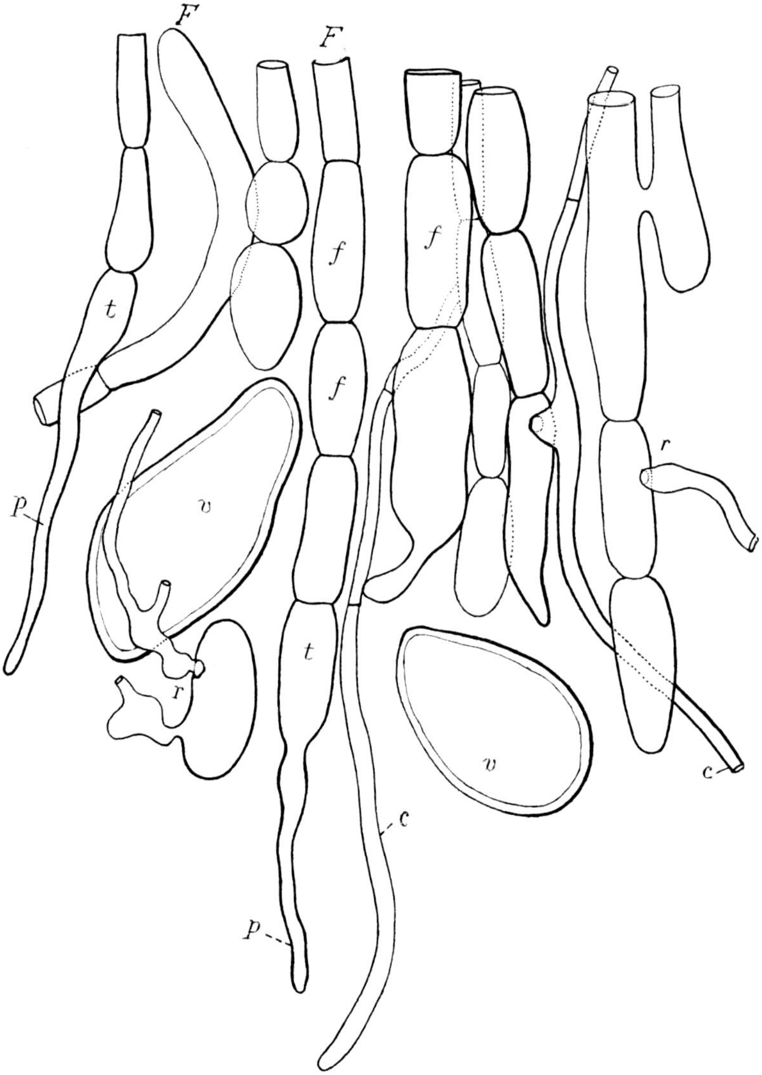

Fig. 36. — *T. microcarpus* : structure du primordium. F, parties terminales des files cellulaires formées de cellules fondamentales cylindracées, f, et ovoïdes-volumineuses, v ; c, hyphes connectives ; p, hyphes grêles provenant de l'étirement des cellules fondamentales terminales et superficielles, t gross. 750. Cameroun.

Leg. H. Jacques-Félix

STRUCTURE DES MYCOTETES

Les mycotêtes, irrégulièrement globuleuses, groupées et englobées dans la masse du gâteau mycotique, sont bien visiblement différenciées, quoique encore très petites (0,-0,6 mm), puis grossissent pour présenter bientôt une différenciation organique totale. Leur structure rappelle celle des mycotêtes d'*Aegerita,* c'est-à-dire de *Termitomyces* croissant sur meules, mais leur agencement est bien moins ordonné.

Dans le lacis plectenchymatique lâchement intriqué, que tracent les cellules formant la jeune mycotête qu'ont transportée les termites, on peut deviner une direction radiale des files cellulaires dans la partie extérieure de ce primordium. Les hyphes, à éléments cylindracés ou longuement allantoïdes, de 5-9 μ de large, emmêlés dans la zone profonde, se segmentent de plus en plus et s'orientent vers l'extérieur. Des files de cellules plus courtes et bien différenciées apparaissent. Elles mesurent 25 à 55 μ sur 10 à 18 μ sur les derniers éléments, ovoïdes et volumineux, qui pourront même atteindre 70 $\times$ 35 μ. Ces cellules larges, qu'on trouve aussi dans la partie profonde de ces primordiums, sont donc homologues aux sphérocystes des *Aegerita.*

Des anastomoses fréquentes apparaissent entre les files cellulaires. Nombreuses sont les hyphes connectives, étroites (3-4 μ) qui circulent entre elles, et qui souvent en dérivent visiblement. Elles sont parfaitement cylindriques ou parfois ramifiées-ampullacées et variqueuses. Une partie de ces hyphes connectives franchit la limite tracée par les derniers éléments ovoïdes et volumineux qui closent les terminaisons cellulaires des files radiales. Mais ces longs filaments extérieurs, constituant le mycélium du gâteau mycotique, unissant les primordia qui tapissent celui-ci, ne sont qu'en partie d'origine profonde. Certains parmi eux sont issus directement des cellules terminales des files cloisonnées radiales : ce dernier élément peut s'effiler en son sommet, s'allonger en une sorte de filament germinatif étroit et cylindrique (3,2-4-5 μ) qui produit l'hyphe mycélienne externe, rampante.

On retrouve sur le jeune carpophore sortant de sa coque primordiale volvoïde des amas de cellules, ressemblant à des sphérocystes, assimilables également à des éléments cystidiformes, ovoïdes ou piriformes, qui mesurent 30-50 $\times$ 18-24 μ, et qui constituent des reliques du voile général. Rares sont ces éléments qui sont entraînés à la surface du piléus, où ils s'évanouissent.

CARACTERES CHIMIQUES

Les *réactions oxydasiques* sont vives avec le gaïac et le gaïacol, très vives avec le pyramidon, sur tous les échantillons.

HABITAT ET REPARTITION GEOGRAPHIQUE

Ceylan, Indes, Indo-Chine ; Afrique du Sud, Congo ex-belge, Congo ex-français, Oubangui, Cameroun, Sierra Leone, Haute-Guinée. Vraisemblablement, toute la zone intertropicale et subtropicale africaine occidentale et en partie orientale. Très probablement absent à Madagascar, aux Comores et aux Seychelles.

EXPOSE BIBLIOGRAPHIQUE (1)

L'« Entoloma microcarpum » a été décrit primitivement par BERKELEY et BROOME (1875) sur des exemplaires et des dessins provenant de Ceylan où ils avaient été recueillis « en larges groupes, sur les bordures et plates-bandes et sur l'herbe ». Par la suite, PETCH lui a consacré un chapitre dans son mémoire de 1906 ; il discute l'hypothèse d'une relation avec les termitières au voisinage desquelles il l'avait rencontré parfois, mais pas régulièrement, notamment sur une petite bosse de terre « dont une partie était occupée par un nid de termites ». « La pluie violente avait entraîné la partie superficielle du monticule et mis à découvert les masses de « *spheres* » ; ces amas étaient blancs, arrondis ou linéaires, et remplissaient complètement de petites cavités qui n'avaient aucune relation avec les chambres du nid ». PETCH a pu observer la germination de ces mycotêtes en Agaric parfaits. Quoique leur structure fût quelque peu différente de celle des mycotêtes de « *Volvaria eurhiza* », le voisinage immédiat du nid posait la question d'une connexion possible entre celui-ci et les primordiums de ce champignon.

Plus tard, à la suite de pluies, PETCH découvrit en divers lieux, sur des plates-bandes et un talus de route, le même Agaric émanant d'un mycélium découvert, « formant comme une galette mince, longue de 15 cm et large de 6 cm qui paraissait se développer à une profondeur de 1 ou 2 cm, et que la pluie mettait facilement à nu.

L'auteur anglais a décrit minutieusement ces « *spheres* » et leur structure, faite d'un « fouillis d'hyphes entrelacées, qui se renflent en cellules irrégulièrement oblongues ou ovales » et sont inordonnées, sauf une partie de celles qui, dirigées radialement, se terminent par des renflements ovales ou sphériques dont l'ensemble simule une enveloppe. En somme, cette disposition rappelle celle des mycotêtes des meules de « *Volvaria eurhiza* », mais, chez le *microcarpus,* les cellules sphériques ne forment pas de chaî-

_____

(1) Les pages suivantes reproduiront tout d'abord une partie du texte que nous avons réservé en 1941, dans les *Mémoires de la Société Helvétique des Sciences Naturelles,* 1952, à ce champignon dont la position, notablement discutée, a pu être enfin complètement éclaircie grâce aux nombreuses récoltes que la chance nous a ouvertes par la suite, en Afrique Noire et aux Indes.

nes ramifiées : elles sont portées isolément, ce qui les rapproche beaucoup des « Kohlrabihäufchen » constituant les « Kohlrabiköpfe » des fourmis *Atta* étudiés par MÖLLER en Amérique du Sud.

PETCH a conservé à cette espèce la position que BERKELEY et BROOME lui ont assignée parmi le genre *Entoloma* malgré qu'il signale les spores « elliptiques, avec une pointe sublatérale ».

Peu d'années après, il est revenu sur ce champignon dans un article qu'il lui a spécialement consacré (1913) où il le décrit plus longuement, et compare les *spheres* à celles que BERKELEY a caractérisées comme *Aegerita Duthiei,* venant sur termitières. Mais toutes les expériences entreprises en vue d'établir une connexion entre l'Agaric et les nids se sont jusqu'alors montrées vaines.

Pour PETCH, deux hypothèses restent vraisemblables. L'une « identifie les *spheres* d'*Entoloma* aux mycotêtes de la meule des termites : elle repose sur l'idée qu'après une période de culture dans le nid des termites le champignon perd sa vigueur et demande un rajeunissement ; dans ce but, les termites emportent les spheres à la surface, et les plantent dans des emplacements où elles donneront le sporophore ; elles fourniront ainsi des spores, que les termites rapporteront au nid, comme « semence » pour une nouvelle récolte de mycotêtes ». L'autre hypothèse, à laquelle T. PETCH s'arrête, « c'est que ce champignon pousse normalement sur le sol nu, et que par conséquent, il trouve dans l'emplacement des nids démolis de termites des habitats qui lui conviennent ». Nous verrons plus loin qu'il y a place pour une troisième hypothèse, beaucoup plus vraisemblable, mais plus proche de la première.

Par la suite, V. DEMANGE recueillit ce même champignon en abondance au Tonkin — à Hanoï et à La Pho — « où il croît toujours au voisinage des lieux où les fourmis blanches ont élu domicile ». Il l'envoya à N. PATOUILLARD qui décrivit succinctement à son tour (1913) la structure des spheres, notamment le « revêtement bulleux » constitué de « vésicules ayant l'apparence de conidies, mais ne semblant pas destinées à la propagation du champignon » ; il compara la couche des *spheres* aux « gazons mycotiques » qui tapissent les galeries à *Ambrosia* de divers insectes xylophages, « dont les articles conidiomorphes et séparables paraissent également dépourvus de la faculté de germer ». Observant que les spores de cette espèce, quoique « blanc sale tirant sur le rougeâtre », « ne sont nullement anguleuses, mais ovoïdes, lisses », il n'hésite pas à la retirer des Rhodogoniosporés et à l'inclure dans le genre *Mycena* auquel il se rattacherait en outre selon lui, par « son port général, comme le mode de développement du chapeau ».

En Afrique, l'**Entoloma microcarpum** semble avoir été trouvé pour la première fois par BEQUAERT, si l'on en juge par la description qu'il donne d'un petit Agaric « qu'il ne lui a pas été possible d'identifier et qui diffère, en tout cas, notablement de la description du *Volvaria eurhiza* B. et BR. trouvé dans les termitières de Ceylan (1913) ». Les conditions dans lesquelles l'auteur belge l'a observé méritent d'être relatées. Sur le monticule, à la surface d'un nid, s'étendant profondément dans la terre argileuse, BEQUAERT remarqua un petit nombre de dépressions amenant à de larges ouvertures cratériformes, de 3-5 cm de diamètre. Le 9 décembre, il trouva « toute la surface de l'élévation argileuse tumuliforme recouverte d'une couche de mycélium granuleux, de même nature que celui des éponges mycéliennes des termitières, mais plus grossier et moins pur ; de cette couche épaisse de 1 à 1,5 cm sortaient de nombreux chapeaux pédicellés d'une petite Agaricinée. De pareilles cultures s'observaient aussi sur la paroi verticale des cheminées, au voisinage du cratère. Dans la couche mycélienne vivaient de nombreux coléoptères et des larves de diptères. Le 12 décembre, les chapeaux avaient à peu près complètement disparu et toute la surface du nid était couverte d'un réseau très serré de fins filaments mycéliens blancs ».

BEQUAERT attribuait le nid au *Termes agricola* Sj., désignation générique inexacte, cette espèce se rattachant aux *Cubitermes* qui ne sont pas « champignonnistes » contrairement aux affirmations de plusieurs observateurs, notamment du précédent. Ces derniers ont interprété les meules rencontrées dans les nids des *Cubitermes* (*Schereri* v. ROSEN, *pallidiceps* Sj., *sankurnensis* WASM.) comme appartenant à ces espèces, alors qu'elles sont celles de termites commensaux, *Microtermes* généralement. Du moins, est-ce là l'opinion de P.-P. GRASSÉ, comme celle de A.-M. BOTTOMLEY et Cl. FULLER, d'Afrique du Sud, qui, en 1921, ont consacré à l'*Entoloma microcarpum* quelques pages dignes d'intérêt.

Pour ces deux derniers naturalistes, le petit Agaric observé par BEQUAERT se rapporte à un nid de *Termes latericius* : « en examinant le sol à une faible profondeur au-dessous des Agarics, il a trouvé un *Trinervitermes,* qui avait simplement creusé des galeries dans l'argile rejetée par les *Termes,* et qui n'avait aucun rapport avec le champignon, à moins, peut-être, qu'il ne s'en nourrit ».

BOTTOMLEY et FULLER n'ont jamais rencontré en Afrique du Sud de grand Agaric lié nettement aux nids des termites du groupe des *Macrotermitinae,* les seuls, parmi les fourmis blanches, qui cultivent les champignons. Cependant, ces deux auteurs ont livré quelques observations sur le petit champignon qu'ils croient pouvoir identifier à leur tour à l'*Entoloma microcarpum*. Tout d'abord, Cl. FULLER a trouvé « les restes d'une couche de très petits Agarics recouvrant un nid de *Termes vulgaris* HAV. *au Natal* ». Plus tard, deux correspondants du département de l'Agriculture ont signalé que des fourmis blanches avaient apporté et placé sur les planchers de leur maison une substance ressemblant à de la terre « d'où, bientôt, s'élevèrent de petits champignons ». Le termite était l'*Odontotermes transvaalensis* Sjost., le champignon, l'*Entoloma microcarpum*. Enfin, Cl. FULLER remarqua d'autre part à Klerksdorp (Transvaal) un dallage que l'*Odontotermes badius* HAV. recouvrait de meules à champignons, « plus ou moins finement triturées, provenant de son nid situé sous les pierres. Ces débris de meules étaient apportés à travers de très petites ouvertures et répandus uniformément sur toute la surface, de façon à former un revêtement sous lequel s'agitaient de nombreux ouvriers et soldats. Au bout de quelques heures, d'assez longues *spheres* blanches de 2 mm de diamètre, aplaties à la base, légèrement pointues au sommet, s'étaient développées à la surface supérieure du tapis. On a enveloppé dans du papier une petite quantité de ce matériel ; en ouvrant le papier trente-six heures plus tard, on a constaté que certaines de ces mycotêtes s'étaient transformées en petits Agarics blancs ».

Peu après, ces auteurs découvrirent à Pretoria une poussée du même champignon, dans des conditions analogues. « Comme précédemment, il a poussé après une période pluvieuse ; il s'est développé à partir des spheres présentes sur la meule triturée que des termites avaient apportée à la surface et étalée en plaques sur le sol ». Deux photographies donnent une idée de la constitution, de l'étendue du gazon mycotique, et de la densité des champignons apparus.

Enfin, nous trouvons deux récentes indications concernant cet Agaric parmi les travaux de BEELI sur les champignons africains. Le premier (1932) est une très courte note sur un **Mycena termitum**, espèce soi-disant nouvelle, décrite par ce mycologue d'après des notes de J. GUESQUIERE et des échantillons recueillis à Komi (Sankuru) dans le Congo belge. Il ne peut faire de doute qu'il s'agit encore ici de l'*Entoloma microcarpum*. Le collecteur donne quelques brèves indications sur la structure des petits « sclérotes », constitués par un amas de cellules globuleuses qui émettent de nombreux bourgeonnements terminés par des sortes d' « oïdies », d'autre part vaguement dessinées. Il ajoute : « le carpophore prend naissance sur des boulettes mycéliennes, évacuées par des Termites, dans les premières heures de la matinée ou de la soirée. Il met environ 48 heures pour s'épanouir. Lorsqu'il est à complète maturité, il est visité par une mouche de la famille des Muscides, décrite sous le nom de *Tricyclea resurgens* par le Dr. VILLENEUVE DE JANTI. »

Telles sont les données transmises par les auteurs avant que nos propres investigations se fussent appliquées au problème soulevé par l'existence de l'*Entoloma microcarpum* de PETCH.

OBSERVATIONS PERSONNELLES

CONCLUSION (*)

Indépendamment des *Termitomyces* cavernicoles, Agarics termitophiles croissant sur meules souterraines dans les nids de *Macrotermitinae* d'Afrique intertropicale et d'Asie méridionale, et provenant des mycotêtes à structure levuroïde qui en sont les primordia hypogés, une espèce beau-

---

(*) Pour le détail propre à nos observations personnelles, on se reportera aux mémoires originaux.

coup plus petite, le *microcarpus* recueilli précédemment auprès des nids de ces insectes, croît à partir de primordiums expulsés des termitières volontairement par ces animaux et répandus par eux à la surface du sol, dans le voisinage immédiat. Ici, la croissance de l'Agaric ne se poursuit donc pas à travers le ciment de la termitière jusqu'à l'épanouissement du chapeau hors de celle-ci ainsi qu'il est de règle pour tous les autres *Termitomyces,* ou *EU-Termitomyces*. Elle s'effectue entièrement à l'air libre ou à faible profondeur. Du moins est-ce là la thèse qui s'impose, confirmée par nos propres observations.

Sur la véritable part qui revient au milieu dans les particularités physionomiques des Agarics termitophiles, exagérées chez les espèces majeures strictement liées aux meules et que nous groupons dans la section sous-générique des *Eu-Termitomyces* affaiblies chez l'espèce mineure, *microcarpus,* tôt libérée de son support ligneux, et dont nous faisons la section *Prae-Termitomyces,* nous avons apporté des éléments d'appréciation qui expriment une tendance lamarckienne ; mais nous nous garderons bien de considérer l'adaptation comme l'explication exclusive et rigoureuse de la survivance et des particularités les plus apparentes de ces espèces.

CHAPITRE XI

LE *TERMITOMYCES* MICROCARPUS
ET LES FORMES INTERMÉDIAIRES INDIENNES

Si les circonstances, au cours de nos voyages aux Philippines, au Cambodge, au Viet-Nam et en Thaïlande où les *Termitomyces* ne sont pas rares, ne furent pas favorables à la récolte de ces espèces, par contre, nous fûmes servis par la chance en Inde orientale, notre mission ayant coïncidé avec une poussée exceptionnelle d'Agarics termitophiles dans l'une et l'autre des deux régions parcourues, particulièrement en ce qui concerne les formes mineures.

Nos principales récoltes de *Prae-Termitomyces* en pays santal (Orissa et Bihar), c'est-à-dire du *microcarpus* et des formes intermédiaires entre celui-ci et les *Macro-* ou *Eu-termitomyces*, proviennent surtout de trois localités :

a) de Bisoï, en Orissa (15 juillet 1967) où, dans l'herbe, autour de la case de passage, la forme-type du *microcarpus* apparaissait en multiples carpophores correspondant exactement à nos descriptions antérieures propres aux spécimens africains, et à la formation de telles fructifications à partir de gâteaux mycotiques rejetés dans la terre, à faible distance du sol ; signalons que nous retrouvions la même entité, aux chapeaux un peu plus grands (15-21 mm de diamètre), munis d'un perforatorium obtus et arrondi, dans l'herbe du gîte d'étape, dans le Bihar, à Dhâmbâd, le 30 juillet 1967 ;

b) de Gurguria, dans le Parc National (18 août 1967), au bord de la rivière où cette forme, quoique petite (diamètre du chapeau 1 à 1,5 cm non épanoui à 2,4 cm étalé) se montre *avec ou non* un perforatorium aigu (les Santals le nomment ici *bali ot'* et *moutchi ot'* — et en langue *ho*, il porte le nom de *bali chotu* — mais ils ne font pas de distinction entre cette espèce, proche physionomiquement du *microcarpus* et du *medius* africain, et le *Termitomyces* majeur, *l'albuminosus*, ce qui correspond à un exemple de l'acuité d'observation de ces autochtones) ;

c) enfin, du Bihar, où nous avons recueilli le même *microcarpus, sensu lato,* sous deux aspects distincts, aux environs de Kathikund (5 août 1967), selon la silhouette-type, grêle, élevée, et aussi selon une forme majeure et monochrome, sans perforatorium net. Ici, les primordiums de *microcarpus* apparaissent agglomérés, blancs, dispersés dans la terre et non attachés

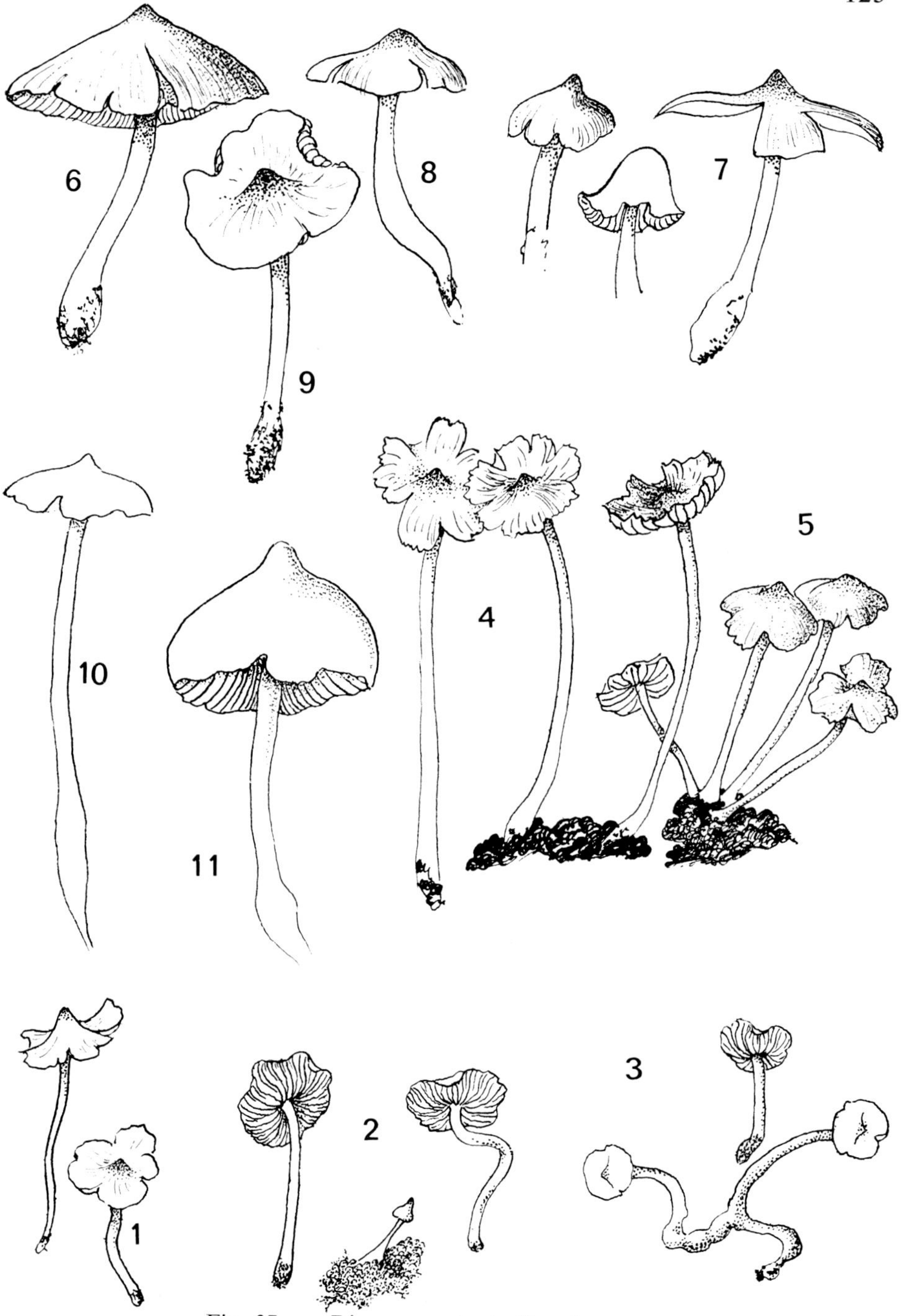

Fig. 37. — Divers aspects de *T. microcarpus.*
Indes : 1 à 3 Bisoï ; 4 et 5 Bihar ; 6 à 11, Gurguria.

sur les meules. Les femmes santales d'un village voisin m'ont apporté en abondance cette même forme de dimensions appréciables, à chapeau de 3 à 3,5 cm de diamètre, restant en cloche assez élevée (± 2 cm), blanc de plomb, unicolore, c'est-à-dire marqué subtilement d'un ton gris ; ce piléus, mat, glabre, se fissurant aisément radialement, offre un perforatorium obtus, mais net.

Rappelons que le type, recueilli plusieurs fois aux Indes au cours de notre expédition, reste identique à celui d'Afrique Noire. Nous signalerons quelques remarques faites sur ce **Prae-Termitomyces microcarpus** recueilli à Kathikund, le 5 août 1967.

Le gâteau mycotique, déterré à faible profondeur (quelques cm), révèle l'existence de trois éléments :

1) les *boulettes ligneuses* constituent par leur coalescence la substance et plus visiblement la surface oolithique de la meule dont la matière est fragile et presque pulvérulente ; elles atteignent 1/3 à 2,5 de mm et se montrent d'un brun un peu ocré ;

2) les *mycotêtes* blanches, très petites — plus minuscules encore que les boulettes — sont parsemées çà et là parmi le revêtement formé par celles-ci ;

3) les *arbuscules conidiophoroïdes* sont de très fins cordonnets filamenteux, blancs, émanant de la surface formée par les boulettes, érigés, verticaux, droits, simples, de 10 à 15 mm de hauteur, de 1/5 à 1/4 de mm de largeur, terminés généralement par une très petite tête sphérique simulant une mycotête et de diamètre légèrement supérieur à celui de ces arbuscules conidiophoroïdes. La constitution de ces derniers est faite d'une coalescence d'hyphes parallèles, si bien qu'on pourrait les assimiler ou les comparer à une fructification avortée du champignon lui-même. (Fig. 37).

LES FORMES MINEURES DES *EU-TERMITOMYCES.*
FORMES INTERMÉDIAIRES AFRICAINES
(Kenya, Oubangui, Congo-Brazzaville)

Si l'analyse des caractères essentiels du « *Mycena microcarpa* » nous avait incité à l'intégrer parmi les *Termitomyces,* un hiatus n'en séparerait pas moins la physionomie respective des carpophores. La découverte du *Termitomyces medius* nous a apporté un significatif exemple d'espèce intermédiaire confirmant notre conviction. Mais les preuves ne se limitaient pas à celle-ci : à plusieurs reprises, en Afrique Tropicale et aux Indes, des entités devaient révéler par la suite leur position indubitable de trait d'union, démontrant ainsi la véracité de notre hypothèse. Nous passerons ici en revue certains de ces exemples démonstratifs, en grande partie inédits.

Termitomyces orientalis HEIM, d'Afrique orientale.

Il s'agit là d'une forme que nous ont communiquée (1950, 1951) R.M. NATTRASS et R.W. RAYNER d'Afrique orientale (Nairobi) en même temps que ces deux auteurs confirmaient nos hypothèses et nos conclusions propres à la biologie du *microcarpus*. Cette nouvelle espèce marquait un évident trait d'union entre *Prae-* et *Eu-Termitomyces* que mettaient en relief toute une série d'indices : dimensions réduites des carpophores

Fig. 38. — *Termitomyces orientalis.*

Gross. 2,5

Leg. NATTRASS et RAYNER, Nairobi Kenya

(2 cm de large pour le chapeau *sur le sec*), le piléus largement conique, au mamelon difforme, très peu marqué sur la couleur brune du sommet, parfois déprimé autour de celui-ci, mais auréolé de quelques épaisses veines radiales, le stipe relativement large comme dans les *Eu-Termitomyces* (5-6 mm sur le sec). Ajoutons quelques particularités notables : les lamelles sont gaufrées, l'absence de cystides hyméniennes a été constatée, la chair est riche en hyphes lactifères se terminant souvent dans le revêtement qui est filamenteux-couché. Les spores, ellipsoïdes, de teinte carnée, mesurent 7-7,6 × 4,4-4,6 μ, les basides, claviformes, tétraspores, 26-28 × 7-7,5 μ stérigmates inclus. (Fig. 38, photo.)

Petites formes de *T. striatus.*

Comme on le voit, les particularités de cette forme sont empruntées
à la fois aux deux groupes. Nous n'avons jamais trouvé en Afrique tropicale une forme mineure identique à celle de l'Est africain, mais d'autres
découvertes devaient par la suite nous confirmer l'existence de ces termes
de passage, notamment celle que nous avons reçue de Brazzaville (leg.
J. TROCHAIN), assimilable à une probable et petite variété de *T. striatus,*
dont l'attache de la pseudorhize sur la meule est typiquement renflée
(Fig. 39).

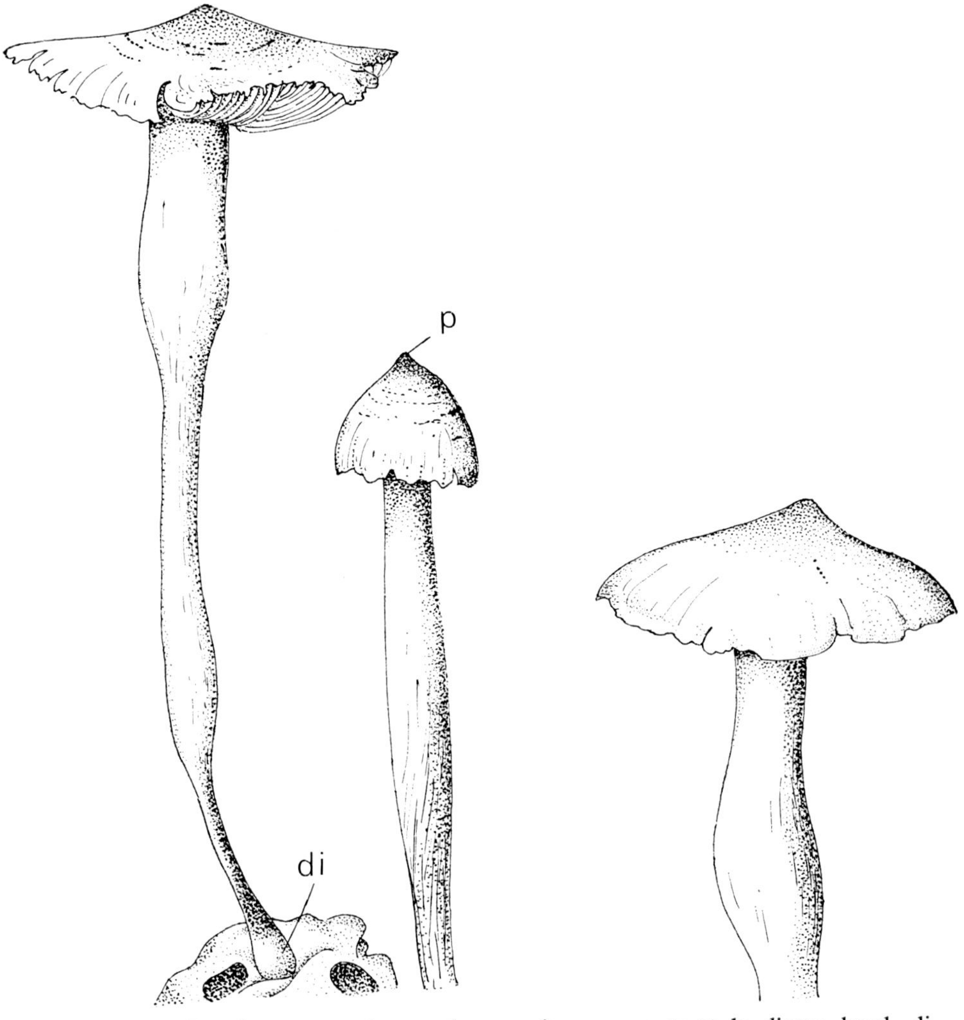

Fig. 39. — *Termitomyces striatus* : forme mineure, montrant le disque basal, di,
d'insertion de la pseudorhize sur la meule et le perforatorium esquissé, p. gr. nat.
Congo.
Leg. T. TROCHAIN

D'autres spécimens de même physionomie ont été trouvés en savane centrafricaine dans la région de la Maboké. Ainsi le *Termitomyces* forme **substriatus** HEIM caractérisé par un perforatorium brun foncé et lacinié sur les bords (Pl. IV, Fig. 2, c.d.).

Quant aux fructifications de ce *Termitomyces,* elles se révèlent enveloppées à la base du stipe par des fragments du gâteau mycotique, mais elles sont nettement extérieures aux meules dont plusieurs dizaines de centimètres les séparent *ce qui accuse les insectes indiscutablement comme les auteurs de ce transport, équivalent à une élimination.*

Termitomyces microcarpus forme santalensis.

Sous ce nom, nous caractériserons la forme recueillie au cours de notre expédition en Orissa et au Bihar, et qui s'identifie à un *microcarpus* de plus grande taille en relation assez profonde avec des meules. Cette forme

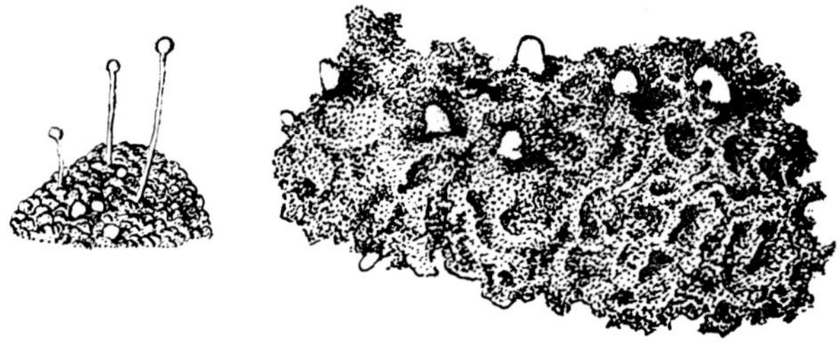

Fig. 40. — *Termitomyces sp. :* à droite, gâteau de meule montrant des mycotêtes ; à gauche, portant des arbuscules érigés ou mycostèles.

représente un trait d'union entre *albuminosus* et *microcarpus,* de même que l'*orientalis* du Kenya manifeste un lien entre cette dernière espèce et le *striatus.*

On peut distinguer les récoltes selon que les meules livraient ou non des arbuscules érigés dont la présence reste quelque peu énigmatique. S'agit-il de formations propres au champignon cavernicole lui-même ou d'une manifestation précoce du *Xylaria* ou d'une production étrangère ? Notre opinion est affirmative : les arbuscules constituent une forme microconidifère du *Termitomyces,* identifiable probablement à celle que GRASSÉ a nommée *mycostèle* (Fig. 40).

CHAPITRE XII

LES FORMES INTERMÉDIAIRES
ENTRE *PRAE-ET EU-TERMITOMYCES*

Le cas du **Termitomyces medius** HEIM et GRASSÉ.

Pl. I, Fig. 4.

Termitomyces medius HEIM et GRASSÉ

Primordiis deinde synnematis elongato-turbinatis et acutis, vestimento tomentoso in cameris libere increscente, usque ad 2,5 cm altis et in basi 5 mm latis. Pileo infra 3 cm lato, acuto campanulato, acute turbinato eminentique umbone, adulto satis inaequbiter lato, acuto campanulato, acute turbinato eminentique umbone, adulto satis inaequliter eburneo. Stipite (cum radice) usque ad 5-6 cm alto, terete, brevi, ad duas tertias partes in elatum, angustiore, brevi fibrosaque radice porrectum balbum turgido. Lamellis subliberis, satis stipatis, 3-3,5 mm latis, subtriangulis, ad stipitem angustatis, facile in longitudinem fissilibus, eburneis. Carne alba, sapida, in stipite tenaci. Sporis obovatis amydaliformis, 6,4-8 μ × 4-4,8 μ, in polline ex incarnato eburneis, non amyloideis. Basidiis claviformibus turgidis, 4 - sporis. Cystidis lamellarum ovatis, subrhomboideis, eminentibus, tunica crassiore et lucida. Hyphis lactiferis frequentibus. In molibus, in nido *Ancistrotermitis latinote*. Oubangui.

Cette espèce a été recueillie en Oubangui (R.C.A.) près de Bossambélé par P.-P. GRASSÉ, en mai 1948 et étudiée avec nous dans un Mémoire détaillé (1950). Des caractères fort remarquables la distinguent de tous les autres *Termitomyces :* nature du termite, configuration des meules qu'il édifie, mode de développement des jeunes carpophores, particularités morphologiques des échantillons adultes, croissance dans des conditions rappelant à la fois celles qui concernent les deux groupes constitutifs du genre.

Cette entité occupe donc dans le clavier des représentants de ce groupe une position exceptionnelle. Aussi, nous étendrons-nous assez longuement ici sur ses qualités descriptives.

Espèce liée aux meules très spéciales et relativement petites fabriquées par un *Macrotermitinae*, l'*Ancistrotermes latinotus*, dans un ancien nid édifié par un autre termite propre aux *Cubitermes,* donc non associé à des champignons, et qu'occupait également un *Pseudocanthotermes,* elle nous apporte l'exemple d'une cohabitation entre trois espèces de termites tout à fait différentes, appartenant à des groupes systématiques bien distincts, dont l'un, qui produit des meules actives, est un *Macrotermitinae* bâtissant son nid le plus souvent au voisinage d'autres termitières.

Le *Termitomyces* s'apparente au *Term. microcarpus :* ses dimensions réduites, l'absence de voile, la forme précise de ses cystides l'en rapprochent en effet. Il en diffère cependant par la largeur du chapeau et l'épaisseur du pied ; le premier atteint presque 3 cm de diamètre, alors qu'il est toujours inférieur à 2 cm dans le *microcarpus ;* le stipe est par ailleurs beaucoup plus large. Les primordia, de forme typiquement conique, n'offrent aucun indice de voile et ne manifestent l'apparition de l'hyménium que très tardivement.

CARACTERES MACROSCOPIQUES

Le *chapeau,* de taille moyenne, 15 mm au moins, 22-28 mm de diamètre en général, ne dépasse pas 3 cm de large ; d'abord campanulé pointu, il s'étale en gardant un umbo triangulaire obtus, mais aigu au sommet, très nettement différencié ; plus ou moins irrégulier, difforme, souvent lobé-festonné, à marge un peu involutée ou au moins incurvée à l'état adulte, parfois un peu lacérée ou sillonnée assez profondément, il est densément et assez régulièrement strié-veinulé radialement, jusqu'à la base du mamelon et même sur celui-ci, glabre, crème grisâtre, subtilement chagriné concentriquement.

Relativement épais par rapport au diamètre du chapeau, le *stipe* forme avec la pseudorhize, quand le carpophore est adulte, un axe de 5-6 cm de hauteur, assez régulièrement cylindrique et plus étroit dans la partie aérienne où l'épaisseur ne mesure que 3 à 5 mm, se renflant vers la moitié ou les 2/3 inférieurs en un bulbe allongé dont cette dimension atteint le double (5 à 9 mm), se terminant par une courte pseudorhize souterraine plus fibreuse et plus grêle (Fig. 41).

Les *lamelles,* presque libres, sont plutôt serrées (80 env.), moyennement épaisses, larges de 3 à 3,5 mm, subtrigones s'amincissant vers le stipe, à marge entière, privées de lamellules, se clivant aisément longitudinalement à l'étirement selon le plan médian, de couleur crème.

La *chair,* blanche, est fibreuse et tenace dans le stipe et la pseudorhize.

CARACTERES MICROGRAPHIQUES

Les *spores,* crème incarnat vues en masse, sont obovoïdes-amygdaliformes, à peine cylindracées, de 6-4-8 × 4-4,8 μ, à appendice hilaire court, tronqué ; très faiblement rosées, elles sont non amyloïdes et uninuclées.

Les *basides* tétraspores, claviformes-renflées, mesurent 17-20 × 7-7,5 μ.

Les *cystides,* en touffes sur l'arête qui est subhétéromorphe, très nombreuses sur les faces, ovoïdes-sublosangiques et souvent quelque peu

Fig. 41. — *Termitomyces medius* : états du développement du champignon croissant
sur meules d'*Ancistrotermes latinotus*. 1, pseudorhize hypogée au début du chapeau,
montrant l'indice naissant, conique-aigu, du perforatorium ; 2, état jeune du carcophore
après sa traversée de la voûte du nid ; 3, état adulte du champignon.
Légèrement grossi
Leg. P.-P. Grassé, Bossambélé, phot. Labo. Crypto. du Muséum

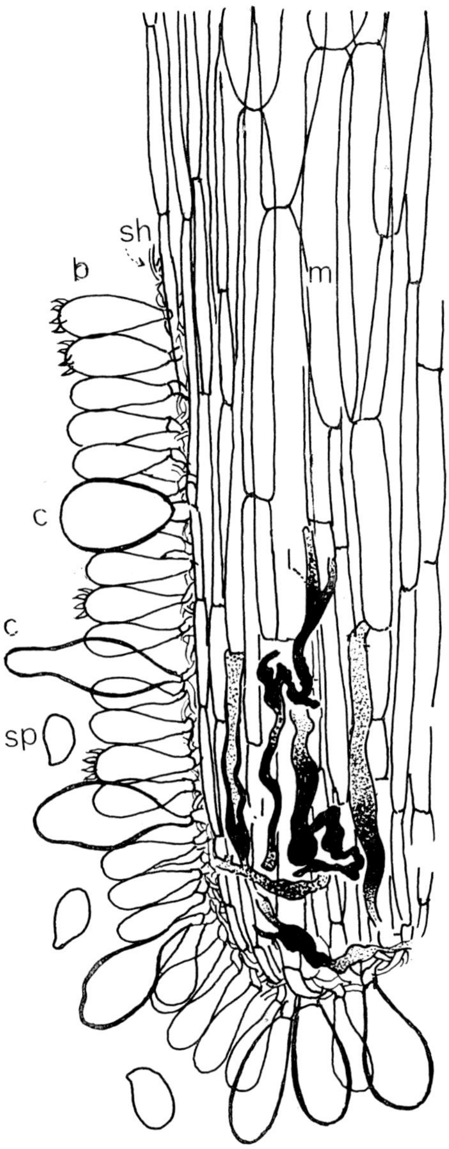

Fig. 42. — *Termitomyces medius* : fragment de coupe transversale, un peu schématisée, montrant la palissade de basides, b, avec les spores, sp., les cystides, c, le sous-hyménium, sh, le médiostrate, m, et les hyphes laticifères, l. (Ces dernières ont été représentées dans une région particulièrement riche en de tels éléments).

Gross. 650 - Les spores : 1000

pédonculées, parfois amincies au sommet ou même brièvement lagéniformes, de 25-40 (-55) × 12-25 μ, nettement émergentes, à membrane plutôt épaisse, parfois un peu renflée dans la partie sommitale, et assez réfringente, se raréfient de plus en plus au fur et à mesure qu'on s'éloigne de l'arête.

Les hyphes lactifères sont assez fréquentes, sinueuses, çà et là renflées, particulièrement abondantes dans les lamelles.

La trame de celles-ci comporte un médiostrate régulier à files de longues cellules cylindracées-fusiformes de 8-20 μ de large, parallèles, plus étroites et plus rarement cloisonnées dans la partie voisine de l'arête.

Le sous-hyménium est finement rameux-branchu, et mince.

Fig. 43. — *Termitomyces medius* : Coupe dans un nid d'*Ancistrotermes latinotus*. On voit le primordium conique développé dans la cavité libre de la chambre.

Gross. $\times$ 0,80
Cliché P.-P. GRASSÉ

Le revêtement est constitué par une couche à éléments denses, filamenteux, cloisonnés, à plasma chromophile dans la partie superficielle, à membrane nette, couchée, sauf dans la zone externe correspondant au sommet du mamelon où ces hyphes dressées, très chromophiles, se terminent par des cellules effilées, ou en quille, ou fusiformes de 5 à 7 μ de large, parfois accompagnées d'éléments lagéniformes, piriformes ou globuliformes, atteignant 12 μ de large. Les hyphes lactifères y sont nombreuses et parfois à peine distinctes des autres. Cette strate, qui mesure environ 350-400 μ d'épaisseur, ne porte ni éléments de voile général, ni sphérocystes. Elle repose sur une zone à filaments denses, étroits, un peu plus chromophiles, d'où l'on passe à la chair proprement dite à hyphes larges, enchevêtrées, fragiles, à membrane mince, plus ou moins vides de contenu (Fig. 42).

Fig. 44. — *T. medius* : Groupe de jeunes pseudorhizes issues de mycotêtes.

Phot. R. HACCARD, Labo. Crypto. du Muséum
Fortement grossi

LES MYCOTETES ET LES PRIMORDIUMS

Les mycotêtes adhèrent fortement au velours mycélien qui revêt la meule. Ces productions, semblables aux mycotêtes des autres espèces, prolifèrent dans la cavité libre des chambres en synnémas stériles, coniques, aigus, allongés, parfois fusiformes et subulés, blancs ; ces primordiums atteignent 2 mm de hauteur sur 3 à 5 mm de large, sans indice de piliers. Equivalant à des pseudorhizes brèves et trapues, ils prennent ensuite contact avec la voûte de la chambre, puis perforent le ciment du nid, manifestant en leur extrémité mobile l'apparition du chapeau minuscule et conique-aigu qui poursuivra alors sa croissance au fur et à mesure de l'érection de la pseudorhize (Fig. 43 et 44).

PARTICULARITES EVOLUTIVES DU CHAMPIGNON

Le comportement du champignon s'avère assez variable. Souvent les pseudorhizes s'élèvent de la meule, atteignent le plafond de la chambre, mais ne le perçant pas se replient sur elles-mêmes. Nous avons l'impression que les pseudorhizes du *Termitomyces* ne perforent que les terres ni trop riches, ni trop compactes.

Les primordiums qui se développent sur une meule ne donnent pas tous une pseudorhize, et toutes les pseudorhizes n'engendrent pas un chapeau. Souvent, une seule parvient à gagner l'extérieur et à former un carpophore ; parfois deux champignons, rarement trois, sont produits par la même meule.

Au fur et à mesure que les pseudorhizes croissent, la masse de la meule diminue et dans la plupart des cas se réduit en définitive à fort peu de substance. La poussée des carpophores nécessite, naturellement, un métabolisme intense et une consommation très élevée de matière assimilable. Or les meules de l'*Ancistrotermes latinotus* sont de petite taille ; sans doute cette particularité explique-t-elle qu'elles n'offrent pas au *Termitomyces* suffisamment de matériaux nutritifs pour permettre le développement de nombreuses pseudorhizes et des carpophores correspondants.

C'est ainsi que les faibles dimensions des meules nous paraissent avoir un retentissement important sur le champignon, sur sa biologie, sur sa capacité érectile :

les meules situées en profondeur ne peuvent, faute de matière probablement, donner des pseudorhizes assez longues pour venir fructifier à l'extérieur ; celles-ci avortent en quelque sorte. De l'ensemble de nos observations, il ressort que les meules produisant des champignons parfaits sont situées à une faible distance de la surface du sol (ou de l'extérieur, dans le cas d'un nid épigé), variant entre 5 et 7 cm.

Notons que GRASSÉ a observé, dans un seul cas, le développement complet du champignon, à l'intérieur de la chambre contenant la meule, avec production de carpophores, petits mais bien conformés.

LE COMPORTEMENT DU TERMITE

Il était intéressant de suivre le comportement des termites à l'égard des champignons. Il apparaît variable, et s'applique aux cas suivants :

a) Tolérance totale. Le termite continue à habiter la chambre dont la meule donne des primordiums et même des pseudorhizes ; il circule sur la meule, où, alors, si les mycotêtes sont rares, il ne touche pas aux champignons.

b) Ceux-ci sont attaqués et mangés : tantôt la pseudorhize est vidée de son contenu et, seul, le manchon d'hyphes corticales n'est pas atteint, tantôt la totalité de l'Agaric est consommée.

c) Il n'est pas rare que les champignons et la meule soient consommés de pair.

Enfin, et ce fait est significatif, en général, les chambres d'où partent des champignons à carpophores extérieurs sont abandonnées par les termites.

LES MEULES ET LEUR CONSTRUCTION

Le nouveau champignon termitophile ci-dessus décrit se développe donc sur les meules de l'*Ancistrotermes latinotus* dans des conditions que l'un de nous (P.-P. GRASSÉ) a pu préciser.

Le genre *Ancistrotermes* est un représentant, exclusivement africain, des *Macrotermitinae ;* le plus souvent (d'après GRASSÉ, 1937, 1944), il bâtit son nid au voisinage d'autres termitières ou même à l'intérieur de l'une d'entre elles ; c'est le cas d'*Ancistrotermes crucifer* qui pratique éventuellement un inquilinisme complet à l'égard d'*Amitermes evuncifer*.

Les meules des *Ancistrotermes* sont faites de boulettes de bois mâché, collées les unes aux autres, et conservent toujours un aspect « oolithique » très net. GRASSÉ a assisté à leur confection et suivi les étapes de leur développement.

Les *Ancistrotermes* procèdent en premier lieu à la construction de la chambre qui doit contenir la meule. Cette cavité est d'abord creusée dans la terre ou provient de la transformation des loges de la termitière dans laquelle l'*Ancistrotermes* se comporte en intrus (*) ; elle est revêtue intérieurement d'un enduit argileux, d'abord très mince, que les ouvriers épaississent par la suite. Le plancher de la chambre est *grosso modo* horizontal.

Les ouvriers s'appliquent à la construction de la meule en commençant par bâtir des ébauches séparées qui, plus tard, deviennent coalescentes et forment un tout cohérent. En voici les stades successifs :

a) De minuscules amas de boulettes de bois mâché sont disposés sur le plancher de la chambre, à des distances variables les unes des autres ; plusieurs reposent sur de grêles piliers, le tout étant fait de boulettes sphériques typiques.

(*) Les galeries et les chambres de l'*Ancistrotermes latinotus* ne communiquent pas avec celles du termite hôte : des cloisons de terre les séparent. Nous n'avons assisté à aucune bataille entre l'*Ancistrotermes* et son ou ses hôtes : l'*Ancistrotermes* s'incorpore souvent à des complexes de sociétés de termites (voir GRASSÉ, 1944).

b) Chaque petit amas augmente de taille par apports successifs, d'abord dans le plan horizontal ; puis il envoie des prolongements qui se rapprochent de ceux des voisins avec lesquels ils s'unissent.

c) Souvent, les ébauches dessinent une couronne faite de pièces au début séparées, ensuite soudées par des ponts. Tout cet ouvrage est fort délicat et fragile. Les ébauches peuvent encore dessiner une demi-lune ou une galette irrégulière.

d) La meule ensuite s'élève et tend à prendre la forme d'une coupole ouverte par dessus. Les parois présentent, pendant assez longtemps, une structure ajourée ; ce n'est que peu à peu que la coupole se forme et s'épaissit ; elle repose sur le plancher seulement par son bord inférieur. Les cas les plus nets s'observent lorsque la meule a pour origine une ébauche annulaire ou en demi-lune.

e) Les meules sont épaissies progressivement et deviennent compactes ; mais les ouvriers les creusent de vallécules plus ou moins profondes. Beaucoup ne s'appuient sur le sol que par de petites saillies coniques.

La disposition et l'emplacement des ébauches sont en rapport avec le volume et la forme de la chambre.

Ce mode de confection par confluence n'est probablement pas le seul qu'utilise l'*Ancistrotermes latinotus*. En effet, dans quelques chambres on peut découvrir une ébauche unique qui s'accroît par simple apparition de boulettes de bois mâché.

En outre, l'*Ancistrotermes,* comme tous les autres *Macrotermitinae,* procède à des remaniements partiels de son nid, ici agrandissant une chambre, là ouvrant ou fermant une galerie... Les meules anciennes sont alors conservées et de nouveaux matériaux leur sont simplement ajoutés.

Sur les petites ébauches de meules, le velours mycélien apparaît très tôt ou mieux, pour préciser, au stade où elles sont encore indépendantes. Les mycotêtes se montrent un peu plus tard, sur les ébauches plus avancées et elles apparaissent relativement petites.

Dans un même nid, en saison humide, toutes les meules n'évoluent pas de la même manière : les unes ne portent que des mycotêtes, les autres des primordiums et enfin de certaines partent des pseudorhizes donnant au dehors des carpophores épanouis.

Les meules à primordiums se trouvent presque toujours vers la périphérie du nid, ce qui s'explique par le fait que dans les chambres de cette zone règne un micro-climat favorable à la fructification. Fait curieux, dans le même lieu, nous avons recueilli plusieurs meules, qui, sans être entièrement stériles, ne produisaient que peu de mycotêtes, celles-ci localisées aux vallécules et aux parties inférieures de la meule.

La poussée des primordiums ne nous a pas paru extrêmement rapide et, si l'humidité ne reste pas très forte, leur croissance s'arrête jusqu'à ce qu'une nouvelle pluie en augmente le degré hygrométrique de l'atmosphère des chambres.

CONCLUSION

La découverte du *Termitomyces medius* a apporté au domaine que couvrent les champignons des termitières l'exemple d'un Agaric cavernicole lié à un genre de fourmis blanches dans lequel jusqu'alors on ne connaissait aucun Agaric termitophile. Elle ajoute un argument à la thèse selon quoi, toutes proportions gardées, chaque espèce de termite est en relation avec une ou un petit nombre de formes différenciées de *Termitomyces*. Il est d'autre part à noter que les particularités des carpophores recueillis dans un territoire déterminé, sur les nids construits par la même espèce de ces insectes, présentent une grande constance morphologique.

Il est évident que la présentation des échantillons de *Termitomyces medius* implique déjà une proximité relative de lien avec l'extérieur. L'isolement de la chambre et de ses meules est moins notable. Le trait d'union avec les meules, plus primitives, est également moins étroit. D'ailleurs, celles-ci ont perdu leur structure oolithique, les boulettes de bois mâché deviennent peu distinctes. On mesure ainsi qu'une marche vers la libération des états primordiaux est réalisée. Le fossé entre les *Eu-Termitomyces* et le *Prae-Termitomyces microcarpus* est franchi.

CHAPITRE XIII

LE CAS DU *TERMITOMYCES* PERFORANS

Pl. IV, Fig. 3, e. f.

Termitomyces perforans HEIM nov. sp.

Pileo campanulato, 13-17 mm lato, pallide fulvo, ad marginem pallidiore, striolato, hygrophano. Stipite striis paulum venosis furfuraceisque praedito, gracili, inferne crassiore; margine pilei tenui, anulo superata, qui in parte superiore pseudorrhizae quoque adest. Perforatorio conico, obscure ex ochraceo fusco. Lamellis substipatis, albidis. Sporis obovatis, 4-5 $\times$ 6,5 μ, subhyalinis. Veris cystidiis nullis. Strato hymeniali 15-18 μ crasso. - Bebe, ad Boukoko (R.C.A.). VIII, 1965.

> Chapeau ne dépassant pas 1 cm de diamètre, globuleux, à perforatorium conique, très individualisé, quelque peu valléculé, plus sombre que le reste du chapeau. Cystides absentes .... *T. perforans* HEIM (1)

Termitomyces perforans nov. sp.

Ce champignon dont il a été recueilli la première fois une demi-douzaine de spécimens nous a été apporté en 1958 par un Africain à Boukoko. Le collecteur n'a pu nous certifier que cette espèce croissait à partir d'une meule de termitière ; cependant, elle s'érigeait au-dessus du sol. Ses dimensions très petites — 7-9 mm à l'état sec pour le diamètre du chapeau —, son mamelon prédominant, solide, conique, aigu et pointu mais nettement élargi à la base, la longueur de son stipe relativement grêle — environ 6 à 8 fois la largeur du chapeau —, ses spores obovoïdes, de 6,3-8,4 $\times$ 4,1-5,5 μ, subhyalines, très subtilement crème, vues isolément, nous incitèrent sans l'affirmer péremptoirement à l'inclure parmi les *Termitomyces*. Ajoutons que l'hyménium est formé d'une palissade de basides tétraspores, haute de $\pm$ 18 μ, ces éléments mesurant 6-6,5 μ de largeur. Les basidiospores restent agglomérées longtemps en tétrades. Il n'y a pas de cystides analogues à celles de l'hyménium de presque tous les autres *Termitomyces* connus, y compris du *microcarpus*.

---

(1) L'absence de cystides à membrane épaisse est un caractère qu'on retrouve dans *citriophyllus* tandis que le *microcarpus* parfois offre déjà la rare présence de tels éléments, très répandus parmi tous les autres *Termitomyces*. D'autre part, le mamelon acéré et très personnalisé fait penser à certaines espèces majeures comme *clypeatus* et *mammiformis*. Mais ces rapprochements ne sont que subjectifs et insuffisants pour conduire à l'hypothèse d'une véritable parenté.

Cette dernière absence élargissait le doute frappant la détermination de cette espèce qui s'éloigne encore des autres *Termitomyces* par des spores un peu plus grosses et notablement plus larges que dans ceux-là. Le médiostrate, filamenteux, est régulier. La couleur du chapeau, finement strié, et du stipe apparaît ocracée, mais le perforatorium est plus foncé, brunâtre, et se différencie ainsi nettement du reste du piléus : il se montre en général valléculé.

On peut signaler que certains caractères microscopiques de ce champignon — non pas physionomiques — rappellent ceux de la rare espèce que nous avons décrite de Guinée française sous le nom de **T. citriophyllus**, qui n'offre pas non plus de cystides vraies tandis que ses spores sont de dimensions très proches de celles du *perforans*. On pourrait être tenté, étant donné les faibles dimensions du champignon de Boukoko, de le rapprocher du *microcarpus*, mais l'absence de cystides et la prééminence du perforatorium suffisent déjà à l'en éloigner.

Il était évidemment très souhaitable de retrouver cette espèce, ce qui a été le cas dans la savane de Bébé, près de Boukoko, en août 1965. Les spécimens recueillis ont été dessinés frais. Ils croissaient dans la terre latéritique nue, et le long stipe émanait d'une profondeur telle que la certitude d'être en présence d'un *Termitomyces* devenait évidente. Le perforatorium était relativement plus petit que dans les exemplaires précédents, mais pareillement conique et brun ocre foncé, le reste du chapeau, campanulé ou galériculé, de 13 à 17 mm de diamètre, apparaissait fauve clair, plus pâle sur la partie marginale, hygrophane, striolé à la loupe ; le pied, marqué de stries un peu veinées et furfuracées entre lesquelles il se révélait brun, grêle, s'élargissait plus bas où il devenait et demeurait crème. Les lames étaient blanchâtres.

Le cas du *Termitomyces perforans* appuie nos conclusions générales.

Il s'agit très vraisemblablement d'un *vrai Termitomyces* (certainement pas d'un *Prae-Termitomyces*), et du plus petit d'entre eux, lui encore soumis à l'influence morphogénétique de la vie souterraine traduite en premier lieu par la présence d'un perforatorium aigu, très individualisé, et bien entendu par le long parcours d'un stipe assimilable à une pseudorhize souterraine.

CHAPITRE XIV

ANOMALIES APPARENTES

LES MEULES STERILES DU SPHAEROTERMES SPHAEROTHORAX ET LEUR ENSEIGNEMENT

Une mise à jour remarquable faite par P.-P. GRASSÉ et Ch. NOIROT en Oubangui, près de Bossambélé (R.C.A.), vient jeter une lumière très particulière sur les problèmes complexes et difficiles que suscitent l'existence des *Termitomyces* et leur rôle dans la biologie des termites. Il s'agit d'une espèce appartenant au genre *Sphaerotermes* créé en 1913 par HOLMGREN pour un petit termite décrit précédemment par SJÖSTEDT, en 1911, sous le nom d'*Eutermes sphaerothorax*, inclus parmi les *Macrotermitinae* ou Termites champignonnistes, insecte répandu au Congo ex belge, en Oubangui et au Cameroun.

GRASSÉ et NOIROT ont analysé minutieusement en 1948 la structure de la termitière, notamment, l'appartement royal et la nature des matériaux utilisés dans la maçonnerie du nid, enfin la population et sa répartition. Mais le fait le plus remarquable réside dans une particularité exceptionnelle des meules, qui, « en bois trituré, sont identiques en apparence à celles des *Macrotermitinae* », mais ne manifestent la présence ni d'aucun filament mycélien ni d'aucune mycotête. En chambre humide, elles demeurent intactes. Elles sont aseptiques. La chambre est stérile. Le *Xylaria* n'apparaît pas après l'extirpation des meules, non plus que les moisissures saprophytes si fréquentes dans ces conditions sur les meules des Macrotermes. Cette découverte « rend encore plus malaisée toute tentative d'explication concernant le rôle, la signification qu'ont, dans la termitière, ces bizarres constructions ». GRASSÉ et son collaborateur ajoutent : « L'existence de meules stériles rend encore plus obscur le problème de la signification des jardins à champignons des *Macrotermitinae*. Sans doute n'entraîne-t-elle pas obligatoirement l'abandon de toute idée d'un rôle joué par les mycotêtes dans la vie de la société, mais elle interdit de généraliser cette supposition. » En tout cas, l'hypothèse des meules-nourricières est sérieusement affectée par l'existence de ce *Sphaerotermes*.

L'explication de cette apparente anomalie apparaît malaisée. Comment peut-on insérer cette observation précise dans une hypothèse sur le rôle exact des meules. Serait-elle le réceptacle d'une réserve d'eau assurant un degré hygrométrique élevé dans la termitière ? GRASSÉ ne le croit pas, mais l'hypothèse est séduisante. Les mycotêtes joueraient-elles une action comme substance de croissance ? L'usage variable et incomplet qu'en font les termites n'est pas favorable à cette supposition. Alors, que penser ? « La fabrication de meules en bois mâché est une caractéristique essentielle des *Macrotermitinae*, mais, chez les *Sphaerotermes*, les meules sont toujours stériles, et cela pour des raisons qui nous échappent » (GRASSÉ et NOIROT).

Comme on le voit, l'hypothèse seule dirige une explication. Mais on peut l'appuyer par l'introduction des données que nous apportent les investigations, malheureusement très incomplètes, réunies sur les meules des termitières de Madagascar par JUMELLE et PERRIER DE LA BATHIE.

LES MEULES A MYCOTETES NON FRUCTIFERES DE MADAGASCAR

Nous ne reprendrons pas ici l'examen des *Xylaria* saprophytes des meules dont un chapitre de cet ouvrage relate l'histoire et les particularités. Ce champignon est un envahisseur des meules dès que celles-ci sont extirpées du nid et sitôt après l'abandon de celui-ci par les insectes. Cette prise de possession par le *Xylaria nigripes* est générale, aussi bien en Afrique Noire qu'aux Indes et dans le Sud-Est asiatique en général. La raison que nous donnons de ce pouvoir envahisseur relève du fait que les spores du Pyrénomycète sont très répandues dans la nature et que le milieu constitué par la meule est très favorable à sa croissance. La succession des mycotêtes de *Termitomyces*, puis des fructifications aériennes de ceux-ci, enfin de l'occupation par le *Xylaria* est donc un phénomène constant et bien élucidé. Mais une exception s'y applique : elle concerne les meules d'un termite, le *Termes Perrieri* DESN., étudié tout d'abord à Madagascar dans la Boina par JUMELLE et PERRIER DE LA BATHIE.

Ces deux auteurs ont décrit et figuré les termitières édifiées par cette espèce de termite appartenant à la faune sylvatique. Conique, de 1 m à 1,20 m de hauteur, localisée à la lisière des zones arbustives, au pied d'arbres isolés, en dehors de l'action solaire, faite avec de la terre forestière, chacune de ces termitières comporte une vingtaine de chambres renfermant des meules rappelant celles que construisent les Macrotermes d'Afrique et d'Asie. La coloration superficielle des meules dépend de l'importance et de l'âge d'un mycélium qui les recouvre. Les parties jaunes sont rongées par les termites, les zones grises et noires, à filaments roses, intactes. Au microscope, les « pelotes » qui parsèment la surface de ces meules, et qui correspondent aux mycotêtes classiques, apparemment identiques à celles des *Termitomyces*, correspondent exactement aux files cellulaires de conidies elliptiques que portent ces primordiums. Indiscutablement, les descriptions de JUMELLE et PERRIER DE LA BATHIE s'appliquent à des éléments fongiques semblables à ceux que les meules africaines et asiatiques hospitalisent. Or, jamais il n'a été découvert de début de pseudorhize et de fructification agaricimorphe extérieure.

Les expériences auxquelles se sont livrés les deux auteurs aboutissent aux déductions suivantes :

1° les termites adultes consomment la substance de la meule ;

2° cette dernière est nécessaire à la vie des insectes ;

3° les jeunes larves paraissent nourries par les ouvriers termites grâce au mycélium ;

4° ce sont les fragments mêmes de la meule qui ont nourri les termites adultes, exclusivement, en dehors des champignons qui croissent sur les meules, mais ceux-ci ont pu par leur action favoriser l'utilisation ultérieure de la substance de la meule ;

5° les mycotêtes ne suffisent pas à assurer l'alimentation des ouvriers et des soldats qui succombent s'ils n'ont pas d'autre nourriture à leur portée ;

6° rhizomorphes et sclérotes appartiennent au **Xylaria**.

La conclusion des deux auteurs est que le *Xylaria,* qu'ils ont nommé **termitum,** « est probablement le champignon que cultive le *Termes Perrieri* ».

CONCLUSION PERSONNELLE

A la lumière de nos propres observations et de celles de P.-P. GRASSÉ, l'interprétation des remarques faites autrefois par JUMELLE et PERRIER DE LA BATHIE ne nous paraît pas susceptible d'être adoptée.

Le *Termes* malgache révèle dans son nid la présence de meules analogues à celles des *Macrotermes,* parsemées d'un mycélium semblable et de mycotêtes identiques. Le *Xylaria* saprophyte s'y développe pareillement quand le nid est abandonné ; il produit les mêmes cordonnets, les mêmes sclérotes. La conclusion nous paraît claire : le termite malgache est lié à une forme conidienne assimilable à celle des *Termitomyces* mais selon un cycle qui a perdu sa forme parfaite. Rappelons que le **Leucoco-prinus gongylophorus** cultivé par les *Atta* ne fructifie *qu'exceptionnellement* et qu'on ne connaît que quelques rares cas de production de carpophores. Il est possible qu'à Madagascar les mycotêtes du *Termes Perrieri* produisent très rarement une forme parfaite qui ne soit pas encore connue. Il est également possible — et nous adopterions aisément cette hypothèse — que la forme basidiosporée n'existe plus, à la suite de la constance de conditions écologiques défavorables auxquelles les nids sont exposés.

D'ailleurs, un autre argument vient appuyer cette opinion : il nous paraît évident que les arbuscules conidiformes qui constituent la structure des mycotêtes des *Termitomyces* ne sont pas différents des « pelotes fongiques » observées par JUMELLE et PERRIER DE LA BATHIE à Madagascar. Il est même fort significatif que la cellule terminale des « branches » conidifères remarquées par ceux-ci sur les meules malgaches s'identifie parfois, selon leurs termes, à « une cellule étroite, allongée et aiguë qui est une sorte de poil », exactement comme ce que nous avons appelé dans ie *T. microcarpus* « les éléments subulés caractéristiques représentant les cellules ultimes des chaînes de files cellulaires ».

Ainsi les modifications dans la biologie des termites champignonnistes apparaissent selon la progression vraisemblable suivante :

les *Eu-Termitomyces* croissent à partir des meules cavernicoles dans les nids de la plupart des *Macrotermitinae* d'Afrique et de l'Asie du Sud-Est ;

le *Prae-Termitomyces microcarpus,* expulsé du nid par l'insecte, fructifie sur le sol ou à faible profondeur ;

par contre, les mycotêtes du Macromycète basidiosporé en relation avec le termite ont perdu leur pouvoir de fructification chez le *Termes Perrieri* et peut-être chez tous les termites à meules de Madagascar, qui ne sont pas des Macrotermitinés ;

enfin, dans le *Sphaerotermes sphaerothorax,* la forme conidienne représentée par les mycotêtes a également disparu : la relation étroite entre le termite et le champignon s'est perdue ; mais les meules demeurent comme matériel alimentaire unique.

Les hypothèses concernant un prétendu rôle, dans les relations avec les termites, des saprophytes comme certaines Podaxons, Lépiotes, Psalliotes, Bolets, etc... sont certainement erronées : toutes ces espèces sont hors de cause et croissent, uniquement saprophytes, soit sur le revêtement des nids, soit même sur les meules abandonnées.

Ces conclusions mettent en exergue la complexité du problème que pose la biologie des termites. Elles ouvrent à de nouvelles investigations, en premier lieu à Madagascar, des recherches fécondes inédites (1).

---

(1) Il est à présumer que d'autres cas analogues à celui qu'ont signalé GRASSÉ et NOIROT pourront être décrits. D'ailleurs T. PETCH dans son « Résumé » de 1913 écrivait déjà : « Il est impossible, d'après les descriptions qui ont été publiées, d'affirmer que tel termite cultive effectivement des champignons, simplement par ce que nous lisons que son nid contient des « champignonnières »... Ce (dernier) terme a été appliqué à beaucoup de meules (comme celles d'*Eutermes monoceros*) qui ne produisent jamais de champignons ». Il n'est pas douteux que de tels exemples, qui mériteraient d'être précisés, correspondent à l'un des aspects les plus essentiels sur lesquels les considérations propres aux rapports entre les insectes et les *Termitomyces* peuvent être basées, et particulièrement celles qui concernent le rôle des meules.

CHAPITRE XV

CULTURE ARTIFICIELLE
DES *TERMITOMYCES*

L'obtention de la culture artificielle des mycotêtes de l'un des Agarics termitophiles — le *striatus* — a constitué un fait entièrement nouveau, après les tentatives de PETCH et de BATHELLIER, et c'est à Kindia (Guinée française), en avril 1939, que nous l'avons réalisée, pour la première fois au moyen des très jeunes mycotêtes naturelles prélevées aseptiquement sur meules enfouies à 90 cm de profondeur, puis à Paris, à partir des basidiospores ou de la chair des réceptacles fertiles provenant de la même origine géographique. Par la suite, nous avons renouvelé de telles réussites sur milieux artificiels et naturels, au laboratoire, de presque toutes les espèces de ce même genre *Termitomyces,* les caractères des colonies obtenues étant presque identiques.

On trouvera dans notre premier mémoire (1940) le détail des opérations qui ont abouti à ces résultats : dans nos essais initiaux, nous avons utilisé le milieu d'épreuve gélosé-glucosé de Sabouraud, à des concentrations variées de glucose, avec addition de terre argileuse, le malt gélosé, les milieux synthétiques de Czapek, de Richard, de Hérissey, la pomme de terre, les carottes, la gélatine nutritive, le milieu gélosé à la farine d'avoine, la mousse stérilisée, à des températures diverses, surtout de 18 à 30°, l'optimum thermique étant compris entre 26°5 et 28°5, le minimum de 14°C, le maximum létal à 37°. Dans les conditions thermiques optimales, la croissance, très rapide, est visible au bout d'une vingtaine d'heures. La nature de l'ensemencement détermine l'aspect farineux ou hispide des colonies selon qu'on se soit adressé à une mycotête naturelle opalescente ou à un filament propre aux houppettes furfuracées, l'opposition entre les aspects respectifs de ces cultures sur milieux au malt étant particulièrement nette. L'influence de la lumière, de l'humidité, de la teneur en gaz carbonique a été également observée. Les quelques précisions qui suivent s'appliquent à la description des aspects culturaux obtenus.

ASPECTS ET STRUCTURE DES MYCOTETES
EN CULTURE ARTIFICIELLE

Il convient de distinguer trois aspects distincts dans les colonies obtenues :

1° *Mycélien,* formant un revêtement lisse, sébacé, continu, peu saillant, constituant une plaque membraneuse très adhérente au milieu, faite de filaments à plasma acidophile, étroits, cylindriques plus ou moins toruleux, cloisonnés, de 2 à 4,5 μ de large, qui s'infiltrent dans le milieu, s'agglomérant çà et là en pelotes mycéliennes, et donnent naissance à des rameaux obliques resserrés à leur insertion sur le filament principal.

2° *Filamenteux-velouté,* blanc et floconneux, formant soit un feutrage de poils blancs hispides, soit une fine pruine de cette même teinte ; il est composé surtout de rameaux dichotomes, cloisonnés, érigés, corrrespondant à des files d'éléments cellulaires peu plasmatiques, non ou à peine colorés par les bleus acides, brièvement cylindracés-allantoïdes ou ovoïdes, de largeur très variable (4 à 13 μ pour les éléments filamenteux, plus pour les éléments cellulaires) produisent terminalement des conidies ou blastospores subrectangulaires-ovoïdes, ou ellipsoïdes relativement larges (8 à 25 × 6 à 10 μ et jusqu'à 31 × 15 μ) dont la longueur est généralement comprise entre deux ou trois fois la largeur, à plasma dense colorable aux bleus acides, ou parfois des cellules plus étroites, étirées au sommet.

3° *Cellulaires à sphérocystes,* correspondant à la mycotête artificielle mûre, opalescente, subtranslucide, globuleuse, de 200 μ à 1 500 μ de diamètre, dont la partie périphérique de laquelle dominent les cellules isodiamétriques, ovoïdes ou brièvement allantoïdes, les sphérocystes à membrane assez épaisse (⩾ 1 μ), groupés en files érigées divergentes et à croissance centrifuge, avec, çà et là, des sporidies allongées terminales, un peu plus étroites que les précédentes, 13 à 20 × 5 à 8 μ.

Mûre, la mycotête opalescente, bien individualisée, de teinte crème ou blanc sale, se montre intégralement constituée intérieurement d'énormes éléments séparés ou à peine cohérents, sphériques, ovoïdes, piriformes, allantoïdes, cylindracés, de 30 à 80 μ de longueur sur 10 à 25 μ de large, sans hyphes grêles ni filaments cloisonnés proprement dits. Cette structure levuroïde explique l'extrême fragilité et la consistance molle de cette chair qui se liquéfie instantanément sous la pression du doigt.

Les mycotêtes veloutées-blanches dont la surface extérieure est nettement furfuracée offrent une composition analogue mais plus filamenteuse, les gros éléments étant accompagnés d'hyphes cylindracées cloisonnées, identiques à celles qu'on observe à la base des mycotêtes naturelles.

Mais cet état peut être suivi par l'aspect pulvérulent, que nous avons observé plus nettement dans les cultures récentes (novembre-décembre 1940) : les colonies formant des coussinets furfuracés blancs, épais, produisent, par repiquage, de nouvelles colonies punctiformes, croissant en anneaux concentriques, et veloutées-poudreuses. Elles sont faites, non pas de filaments ni de sporidies ordinaires, qu'on n'y trouve qu'en petit nombre, mais presque exclusivement de cellules étroites, cylindriques, arquées, souvent coudées, ou irrégulière, très rarement cloisonnées dans la masse, de 4 à 5 μ de diamètre, de 25 à 130 μ de longueur en général. Ces formations sont libres. Leur paroi est assez mince et leur plasma granuleux, homogène et d'aspect réfringent. A la périphérie, ils deviennent plus rameux, plus mycéliens, se cloisonnent. Ils bourgeonnent pour produire de nouvelles cellules identiques, qui se séparent bientôt. Ce sont indubitablement des sporidies-levures relativement longues et étroites, dont les dimensions et l'indépendance donnent à la colonie son aspect pulvérulent. Ainsi, ces cultures sont encore levuroïdes, et leur structure, quoique apparemment très différente de celle des mycotêtes opalescentes, est faite d'éléments équivalents, cependant plus réguliers, moins volumineux, en quelque sorte pseudo-mycéliens.

Pour conclure, ces diverses cellules, soit ovales en chaîne, soit sporidies terminales, soit gros éléments inégaux et irréguliers formant la chair de la mycotête opalescente, soit sporidies allongées des cultures poudreuses, toutes probablement binucléées, sont de même nature. Ce sont des blastospores constitutives des mycotêtes artificielles adultes, équivalentes à des conidies-levures. De même que ces primordiums culturaux sont, par leur aspect, très voisins des primordiums sur meules, les cellules qui les composent, larges ou étroites, courtes ou longues, rappellent presque exactement celles que nous avons observées sur les meules où elles constituent le velours mycélien et les mycotêtes naissantes.

GERMINATION DES SPORIDIES

La germination des sporidies est très facile à réaliser sur milieu liquide (de préférence sur eau de pomme de terre) ou sur pellicule de milieu nutritif gélosé. Nous avons utilisé à la fois la technique des gouttes pendantes en cellule de Van Tieghem et Lemonnier, et, avec plus de succès, celle des examens sur couche mince de gélose Sabouraud, soit sur le fond de boîtes de Petri, soit sur lamelle stérilisée conservée dans de mêmes boîtes.

Les figures 45 et 46 montrent divers aspects de germinations obtenues à partir de sporidies-levures binucléées, qui confirment les résultats obtenus par PETCH à partir des conidies ovales provenant de mycotêtes naturelles du **Volvaria eurhiza**. On voit que ces blastospores peuvent émettre 1 à 4 filaments mycéliens, le plus souvent terminaux, aptes à se partager entre les deux pôles, soit : un à chaque extrémité, ou deux à chaque extrémité, ou l'un à un sommet et deux à l'autre. Rarement, un filament croît à partir du corps moyen de la spore. Mais, de toute façon, il semble bien que les noyaux ne sont jamais que deux, et que, par suite, tous les filaments ne possèdent pas de noyaux, ceux qui en sont dépourvus avortant.

La germination des sphérocystes n'a jamais pu être observée par les auteurs en dehors des files cellulaires, sauf peut-être par BATHELLIER. A juste titre, PETCH en déduit que « ceci contredit l'idée que les conidies ovales sont identiques aux sphériques, et modifiées seulement parce qu'elles

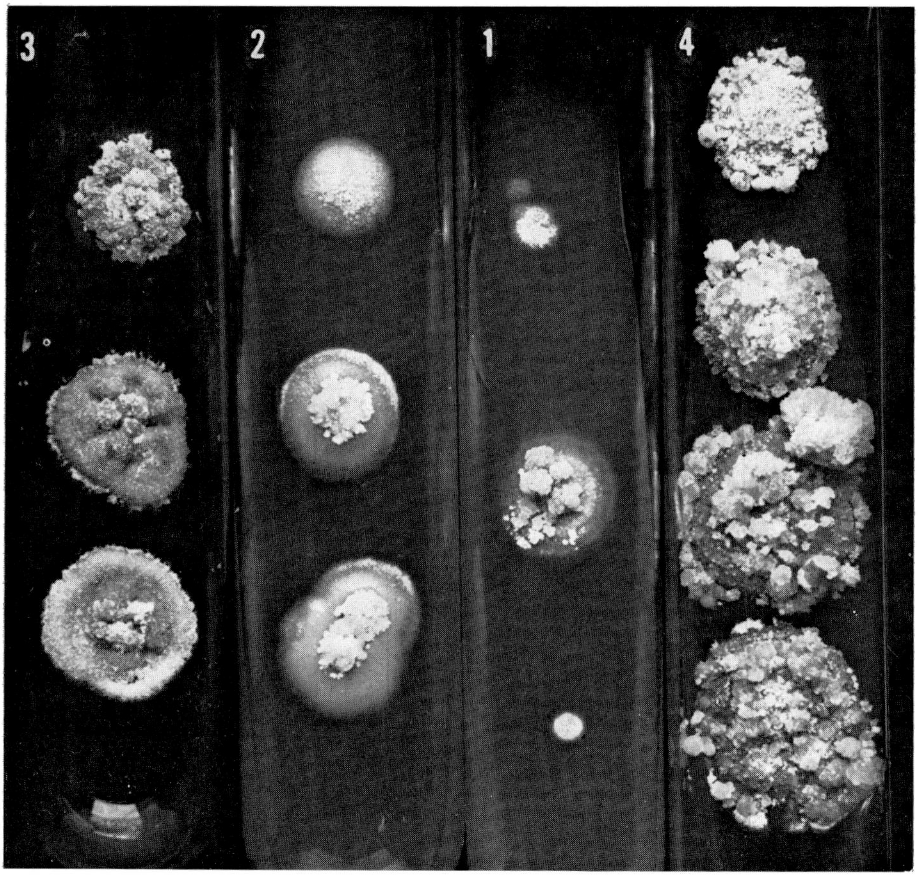

Fig. 45 et 46. — En 45 : Cultures pures artificielles de *Termitomyces striatus* âgées de 17 à 41 jours ; temp. 27°, lumière atténuée, montrant la prolifération des mycotêtes assimilables aux productions naturelles.

Gross. 1,3
1, gross. 1,2 ; 2, gross. 2,1 ; 3, gross. 0,8

se développent serrées les unes contre les autres, à l'intérieur de la sphère ». En fait, nous avons pu noter, mais très rarement, des débuts de germination des cellules sphériques provenant de cultures plus âgées. Il est rare qu'on puisse observer la germination de sphérocystes, qui sont bien des cellules très pauvres en cytoplasme et à rôle purement végétatif.

En 46 : 1, culture de 30 jours en flacon de Erlenmeyer sur mousse stérilisée imprégnée de liquide de Sabouraud, à partir de mycotêtes naturelles, à 27° C, à l'obscurité : 2, culture géante, levuroïde de 31 jours sur milieu au malt à 2 %, à 27° C, à l'obscurité ; 3, culture pure sur milieu nutritif gelosé mettant en évidence l'individualité des mycotêtes.

1, gross. 1,2 ; 2, gross. 2,1 ; 3, gross. 0,8

LE STADE CULTURAL ULTIME

La colonie à mycotêtes opalescentes constitue le stade ultime obtenu sur milieux de culture, artificiels ou naturels, à une température de 25 à 30°. La colonie artificielle faite de mycotêtes groupées vieillit et meurt sous cet aspect. Ces formations sont constituées d'éléments superficiels cellulaires, ovales ou globuleux, et d'éléments internes plus volumineux, soit du type sphérocyste (sphérique ou ovoïde en général) à paroi épaisse, groupés en chaînes à l'extérieur, assemblés sans ordre bien défini à l'intérieur, soit blastosporoïdes du type conidie ovale, en bouquets dichotomes superficiels, soit enfin blastosporoïdes du type terminal, assimilables alors à des sporidies germant facilement, à peu près identiques aux sporidies des mycotêtes naturelles. Ici, comme dans ces dernières, la structure révèle donc des éléments de deux sortes : les uns, sphéroïdes, qui ne germent pas, les autres, jamais sphériques, binucléés, à grosses vacuoles polaires, assimilables à des blastospores, qui germent aisément. La seule distinction entre une mycotête naturelle et une mycotête opalescente culturale réside dans le fait que cette dernière, privée de filaments mycéliens étroits, du moins à son stade adulte ou sénile, est faite alors de l'assemblage de cellules libres (variables, souvent volumineuses) ou groupées en files linéaires, mais alors facilement séparables. Ainsi, la mycotête opalescente est assimilable à une production levuroïde possédant des caractères précis. Elle est une unité culturale bien déterminée. La colonie est faite, en définitive, de l'assemblage ordonné d'un certain nombre de ces unités.

Cependant, nous savons que la mycotête opalescente n'est que le stade le mieux différencié et le moins mycélien parmi des types culturaux élémentaires plus ou moins efflorescents. Ainsi une mycotête blanche veloutée, mais non hispide, c'est-à-dire intermédiaire entre les deux aspects culturaux extrêmes, est anatomiquement entièrement assimilable à une mycotête naturelle : aux cellules ovales et aux sporidies s'ajoutent ici des filaments cloisonnés, plus ou moins radialement ordonnés. Alors qu'une mycotête opalescente et levuroïde se réduit en eau instantanément sous le choc, une mycotête veloutée laisse entre les doigts un résidu tenace correspondant aux éléments mycéliens, comme le ferait une mycotête venue sur meule.

On peut donc dire que la mycotête, primordium souterrain né sur la meule du termite, n'est liée obligatoirement à ce milieu ni biologiquement, ni morphologiquement puisqu'elle est reproduite au laboratoire, sur milieux artificiels multiples, et sous une forme analogue ou presque identique.

L'une de nos préoccupations a été d'essayer de dépasser cet état culturel vers un stade plus évolué, vers une fructification parfaite proche ou pareille au carpophore basidiosporé apparu dans la nature où nous avons suivi toutes les phases de sa croissance, détaillées ci-après. Jusqu'ici les résultats n'ont été que très incomplets : ils s'identifient à des cultures géantes obtenues sur milieu gélosé au malt à 2 % ; ces résultats sont comparables à des colonies géantes individualisées, ressemblant à des carpophores avortés. Les essais de croisement provenant de *Termitomyces* différents n'ont pas donné d'autres succès. En culture, le cycle du champignon s'amorce parallèlement au cycle du *Termitomyces* dans la nature. La poursuite de cette croissance se heurte à la mise en œuvre de facteurs physico-chimiques à déterminer.

Il nous paraît inutile de reprendre ici l'examen des résultats des cultures obtenues sur chaque espèce de *Termitomyces,* aussi bien des Indes que d'Afrique, qui se sont révélées pratiquement identiques, et nous nous contenterons de transmettre quelques indications descriptives à des espèces diverses de *Termitomyces.*

Les cultures obtenues se sont montrées tuberculeuses, efflorescentes, ni ridées ni cérébroïdes, crème, formées de mycotêtes relativement très grosses reposant sur un voile mycélien ténu.

Sur du milieu au maltéa, une culture jeune révèle la structure typique avec des blastospores très variables, irrégulières de forme et de dimensions, mais relativement grosses dans leur ensemble, environ 28-36 × 9-11 μ, souvent étroites et longues (jusqu'à 48 et même 75 μ de long), accompagnées de sphérocystes globuleux à membrane assez épaisse et réfringente, dont le diamètre mesure une vingtaine de μ en moyenne (les sphérocystes des mycotêtes naturelles mesurent 20-26 μ de diamètre et possèdent une membrane épaisse de 1,6 μ environ). En somme, ces cultures levuroïdes sont celles de tous les *Termitomyces,* mais fortement tuberculeuses, elles se caractérisent par les dimensions relativement grosses des mycotêtes ainsi apparues.

QUATRIEME PARTIE

LES CHAMPIGNONS SAPROPHYTES

CHAPITRE XVI

LES SAPROPHYTES DES MEULES

Le **Xylaria**

Autres espèces : *Phaedropezia epispartia*

Neoskofitzia termitum

— **Les Termitophiles saprophytes du revêtement du nid**

Agaricales

Lépiotes

Leucocoprinus

Lepiota

Psalliote

Marasmius

Omphalia

Boletales

Boletus = Xerocomus = Boletochaete

Gasterales

Podaxon

Gyrophragmium

Bovista

Aphyllophorales

— **Les Commensaux ou Saprophytes des chambres**

Protubera

— **Ethnomycologie : Les Termitomyces vus par les Autochtones**

AVANT-PROPOS

Nul doute que les termitières soient l'habitat de nombreuses espèces animales, végétales, microbiennes, introduites accidentellement, et d'hôtes saprophytes sélectifs, qui constituent une population importante, adventice ou commensale.

Citons de cette coexistence deux exemples parmi beaucoup. A Madagascar, H. JUMELLE et H. PERRIER DE LA BATHIE ont signalé (1907, 1910), dans les termitières du « *Termes Perrieri* », l'un des staphylins — *Termitobia Perrieri* FAIRM. —, habituels hôtes des nids de plusieurs termites malgaches, et également, fourmis, serpents, tanrecs, mais ce sont surtout des spores et des filaments de micromycètes que les termites véhiculent ainsi et introduisent dans les nids (1).

Les recherches de E.C. HENDEE (1933, 1934), notamment, ont prouvé que les termites transportaient avec eux, sur leurs pattes particulièrement, de nombreux germes de champignons, et qu'on trouvait aussi ces éléments dans le bois de leurs nids, les boulettes fécales, la sciure. Un grand nombre de champignons ainsi associés aux termites ont été isolés par HENDEE, la plupart Phycomycètes (4 genres) et Imperfecti (24 genres). Certains mycéliums bouclés se rattachaient à des Basidiomycètes, probablement lignivores et non déterminés. Parmi ces espèces un grand nombre appartiennent au bois qu'utilisent les termites. HENDEE, se basant sur le fait que le bois sain est pour l'insecte moins nutritif que le bois renfermant des filaments fongiques, en déduit que les termites trouvent dans cet aliment des substances qui lui sont utiles, comme les protéines et même certaines vitamines. On peut aussi supposer que les mycéliums en désorganisant, par le jeu des diastases qu'ils sécrètent, les tissus du bois rendent celui-ci plus facilement utilisable (2).

Ainsi, à côté des *Termitomyces,* seuls champignons associés aux meules des termites dans les nids habités — puisque l'« *Entoloma microcar-*

---

(1) La coexistence des termites et de certains champignons, que ces insectes supportent et qui, demeurant vivants dans la termitière, affectant la vitalité de celle-ci, trouve plusieurs exemples dans le genre *Antennopsis* HEIM. Le Mémoire que nous avons publié en 1951 (*Bull. Soc. Mycol.* France, T. 67, 1) décrit en détail cet ectoparasite (*Ant. gallica* HEIM et BUCHLI) du Termite lucifuge du Saintonge (*Reticulitermes flavipes* KOLL. var. *Santonensis* FEYTAUD). Les colonnettes fructifères du champignon — qui caractérise l'ordre des *Gloeohaustoriales* (HEIM, *Comptes rendus,* T. 333, p. 1245, nov. 1951) — sont supportées par une capsule haustoriale à 4 loges, adhérant fortement par un mucus au revêtement chitineux de l'insecte. Les *Antennopsis,* adaptés à des conditions de vie parasitaire mobile sont en fait des commensaux s'opposant à d'autres endoparasites vrais (*Termitaria,* etc...) des termites.

(2) ESTHER C. HENDEE. — The association of the termites, *Kalotermes minor, Reticulitermes hesperus,* and *Zootermopsis augusticollis* with Fungi BERKELEY (*Univ. of California Public.,* in Zoology, 29, n° 5 — *Sciences,* 77, n° 1991, 1933 — *Ibid.,* 80, n° 2075, oct. 1934.

pum » est désormais rattaché à ce même genre d'Agarics termitophiles, caractérisant le sous-genre ou la section *Prae-Termitomyces* HEIM —, il existe toute une série d'espèces ascosporées et basidiosporées dont l'appétence pour les termitières, à défaut des termites, se manifeste selon une spécialisation plus ou moins exclusive dans cet habitat, soit sur les meules, soit sur la terre des nids. A leur propos, une question reste posée : de certaines de ces espèces fongiques, les Termites peuvent-ils tirer une partie de leur nourriture ?

METAPHAGES OU SAPROPHYTES DES MEULES : LE XYLARIA

Celui qui a fait l'objet jusqu'ici de quelques études approfondies parmi les saprophytes des meules est un Xylaire. Les travaux succincts propres à ce Pyrénomycète, envahisseur des nids, se retrouvent surtout parmi les relations que les auteurs réservent aux champignons termitophiles en général.

En 1905, DÖFLEIN, après VON HÖHNEL (1903), dans un travail surtout zoologique sur les termites de Ceylan, consacre quelques lignes aux fructifications incomplètes de *Xylaria* qui se développent dès que les meules ont été placées sous une cloche de verre. T. PETCH a rappelé en 1906 les travaux déjà publiés à cette époque sur les *Xylaria* croissant sur les meules retirées des termitières ou abandonnées par les termites, et il a transcrit le résultat d'observations sagaces enregistrées par lui à Ceylan. En effet, dès que les meules sont abandonnées pour une cause ou pour une autre par les termites, elles sont envahies par diverses moisissures : *Mucor, Thamnidium, Cephalosporium, Aspergillus,* voire des Pezizes, et surtout le *Xylaria*. Les remarques de PETCH sur ces derniers Pyrénomycètes s'appliquent à l'influence de l'âge et du degré d'humidité de la meule d'autant plus favorable à cette naissance qu'elle a déjà produit des Agarics. D'autres publications (F. THEISSEN, 1908 ; H. SYDOW et E. J. BUTLER, 1911) ont traité de ce même ascomycète.

A Madagascar, en 1907 et 1910, JUMELLE et PERRIER DE LA BATHIE décrivent sous le nom de **Xylaria termitum** le champignon qui apparaît en grande abondance dès que la meule est débarrassée de ses termites. Mais c'est à ce champignon que les auteurs précités attribuent les mycotêtes (*Aegerita*) trouvées sur les meules et correspondant selon eux au stade conidien du *Xylaria,* hypothèse qu'il ne nous a pas paru possible d'appuyer.

On retrouvera des documents bibliographiques complets dans le nouveau mémoire de PETCH, publié en 1913, où déjà il insiste avec raison sur le fait que le calcul des probabilités indiquait l'Agaric plutôt que le *Xylaria* comme lié aux sphères des termitières malgaches, mais que, « pour le moment, on ne pouvait considérer *Aegerita Duthiei* que comme une forme indépendante des autres champignons qui se rencontrent dans les termitières ». Mais l'un des auteurs qui aient le mieux compris la signification qu'il fallait apporter à la présence du *Xylaria* est J. BATHELLIER dans son excellent ouvrage sur les termites de l'Indo-Chine auquel est annexée une seconde thèse, *les cultures mycéliennes des Termites de l'Indochine* (1927), dont nous extrayons quelques passages :

« Nous pouvons considérer comme acquis le fait suivant : lorsque l'on retire une meule de *Macrotermes gilvus* de son milieu naturel, son aspect change notablement, un nouveau mycélium se développe et aboutit à la constitution d'un appareil fructifère d'un Ascomycète ». Nous l'avons déterminé comme **Xylaria Gardneri** BERKELEY, variété *minor*. Le *Xylaria Gardneri* typique paraît équivalent à **Xylaria nigripes** KLOTZSCH qui a été, précisément, rencontré par PETCH sur les meules d'*Odontotermes obscuriceps* à Ceylan. **Xylaria escharoides** BERKELEY semble voisin du précédent. Toutes ces formes rentrent dans le sous-genre *Xyloglossa* de Cooke. « Nous avons des raisons de penser que ce *Xylaria* est assez répandu dans la nature en Cochinchine ».

BATHELLIER a mis parfaitement en évidence la destruction rapide des mycotêtes du *Termitomyces* du fait de l'apparition explosive du *Xylaria* qui « prend bientôt le dessus ; quand on sort les meules de la termitière, il se développe avec une grande vigueur et étouffe le Basidiomycète qui végétait jusque là ».

Nous n'avons rien à ajouter aux brefs commentaires de cet auteur dont les précédentes remarques ont pu être confirmées au cours des nombreux voyages que nous avons effectués en Afrique Noire et aux Indes.

CHAPITRE XVII

NOTES DESCRIPTIVES SUCCINCTES SUR

Xylaria nigripes KLOTZ. (= **X. Gardneri** BERK.)

Pl. VI

Cette espèce a suscité la description de nombreux synonymes :

Xylaria nigripes KLOTZSCH

X. escharoides BERK.

X. mutabilis CURR.

X. Gardneri BERK.

X, Gardneri BERK. VAR. *minor*

X. flagelliformis CURR.

X. piperomoides P. HENN.

X. termitum JUM. et PERR. DE LA BATHIE (H.)

X. melanaxis CES.

X. furcata FR.

X. torrubioides PENZ. et SACC.

X. piperiformis BERK.

Sclerotium stipitatum BERK. et CURR.

Parmi les observateurs qui lui ont appliqué des remarques ou des diagnoses de quelque importance sous l'une ou l'autre de ces dénominations, signalons von HÖHNEL, H. et P. SYDOW, E. J. BUTLER, T. PETCH et J. BATHELLIER ; la plupart des matériaux correspondants provenaient des Indes et d'Asie méridionale.

Les formes suivantes ont été distinguées par le premier de ces auteurs :

a) réceptacle ascosporifère simple, rarement dichotome, cylindrique, à sommet obtus ou légèrement effilé ; couleur variant du gris au noir profond ; spores 3-5 × 3,5 μ ;

b) forme plus petite ; base plus molle ; réceptacle court et moins régulièrement cylindrique, souvent ramifié de même que la base stromatique : gris, rarement tout à fait noir ; spores atteignant 7 × 3-4-5 μ ;

c) forme à la fois conidifère et ascosporifère, cylindrique, issue d'un stroma ramifié, caractérisée par un étroit sommet stérile mesurant jusqu'à 1,5 cm de longueur ; spores de 3,5-5 × 2,5-3.5 μ.

Il convient d'y ajouter les rhizomorphes et parfois les sclérotes de dimensions appréciables, noirs, retrouvés en Afrique centrale. A leur propos, PETCH signale : « Ces gros sclérotes se rencontrent dans les nids abandonnés situés sous des constructions ; ils ne se forment probablement que dans les emplacements secs, ou quand le nid, en terrain découvert, est abandonné pendant la saison sèche. Parfois, ils offrent grossièrement la forme de figue, et ils sont fixés, à une extrémité, à un tissu de mycélium couvrant la meule, ou bien, plus souvent, ils sont attachés à d'épais rhizomorphes noirs, et ils se montrent régulièrement ovoïdes ou sphériques, atteignant la taille d'un œuf de poule. C'est le **Sclerotium stipitatum** BERK. et CURR. ». Sous l'action de l'humidité, il produit la forme à asques du **Xylaria**, connue depuis longtemps des Indes, de Ceylan, de Java, de Madagascar, et d'Afrique où nous l'avons à notre tour retrouvée.

PETCH a discuté du caractère spécifique ou de l'identité des deux formes, penchant vers une parenté étroite, les distinctions proposées par von HÖHNEL, rappelées ci-dessus, paraissant d'ailleurs très discutables (forme, consistance, taille des spores), car elles s'appuient sur des critères sans valeur, attachés à des productions dont la variabilité est d'autant plus évidente, tout au moins probable, qu'elles sont le plus souvent purement stériles, végétatives.

Nous avons fréquemment et pareillement obtenu en Afrique, à Madagascar, aux Indes, la prolifération sur la meule extraite du nid habité, puis abandonnée et alors se desséchant, de même qu'à l'intérieur d'une cloche de verre où le mycélium puis les cordonnets grimpent sur celle-ci, les mêmes formations rhizomorphiques ou sclérotiques. Les seules variations qui pourraient s'attacher à quelque relative fixité explicable concernant les réceptacles à conidiophores, dépourvus de périthèces.

Il nous semble donc que la variabilité des appareils de fructification aussi bien végétative et conidienne que parfaite repose sur des conditions d'humidité et sur l'une ou l'autre de celles, propres à la récolte même, dont la mesure reste difficile à préciser. On est donc en présence d'une seule et même espèce, aussi bien africaine que malgache et asiatique.

Une conclusion nuancée nous est apportée, aujourd'hui encore, par les propos que nous avons traduits en 1942 à la fin de notre Mémoire paru dans les Archives du Muséum National et que nous reproduisons ici :

« Ajoutons que nous avons pu examiner des meules analogues à celles que JUMELLE et PERRIER DE LA BATHIE ont eues entre les mains. Les unes nous ont été envoyées de Madagascar, par M. G. BOURIQUET en 1931. Les autres, beaucoup plus nombreuses, proviennent d'Afrique centrale et du Congo, ou de notre voyage en Basse Côte d'Ivoire. Elles portent de fins cordonnets noirâtres et stériles, ou la forme bien développée du *Xylaria*. L'examen du velours mycélien nous a montré une furfuration claire, généralement blanche, lâche, feutrée, légère, faite de filaments d'épaisseur variable, les uns larges, les autres capillaires de 1,5 à 2,5 μ de diamètre, s'agrégeant çà et là en fins rhizomorphes. Nous n'avons pas relevé d'éléments variqueux ou cystidiformes à membrane très épaisse, propres au tapis mycélien des *Termitomyces*. Nulle part un indice de mycotêtes n'est apparu. En somme, toutes ces observations nous ont montré que nous étions en présence de meules envahies par un mycélien surnuméraire, secondaire, à croissance rapide, appartenant au *Xylaria* semi-termitophile, probablement installé sous forme mycélienne (filaments, mycostèles) dans la meule habitée (ainsi que l'ont noté BATHELLIER et P.-P. GRASSÉ), mais incapable d'y fructifier dans ces conditions. D'ailleurs, la présence de nombreux germes fongiques sur les meules en place ne peut faire de doute (PETCH et BATHELLIER l'ont déjà constaté), apportés soit directement par l'insecte, soit avec les débris ligneux qu'il transporte. Nous avons noté ainsi de nombreuses spores de *Diplodia*.

Ce ne sont que de nouvelles observations qui autoriseront à choisir définitivement entre les hypothèses formulées, celle de JUMELLE et PERRIER DE LA BATHIE, celle de PETCH, enfin la nôtre. L'ensemble des données recueillies dans la zone intertropicale rendent *a priori* peu vraisemblable la supposition des deux premiers auteurs : comme quoi, à Madagascar, les mycotêtes du type *Aegerita* seraient produites par le *Xylaria*, qui, ailleurs, n'est jamais rigoureusement termitophile. Reste à savoir si, comme nous le pensons, contrairement aux autres auteurs, l'insecte n'exerce pas d'influence déterminante dans la sélection qui s'opère sur la meule, dans la termitière vivante, entre les mycéliums concurrents, et si la croissance exclusive et complète du *Termitomyces* provient bien uniquement du fait que ce champignon est de beaucoup le mieux adapté à ce support et à ces conditions, les seules qui lui permettent de se développer. Autrement dit, la question est ainsi posée : le termite est-il, oui ou non, capable de tirer parti de ce développement fongique en le dirigeant, s'il ne l'a pas provoqué lui-même ? Il semble qu'on doive répondre les deux fois par la négative » (1).

(Fig. 47, 48, 49).

La Pezize [**Phaedropezia epispartia** (BERK.) LE GAL]

Cette Pezize, que nous n'avons personnellement recueillie qu'une fois, le 8 août 1967, abondamment, et en dehors des nids de termites, à l'hôtel d'étape de Burdwan, aux Indes, dans des débris d'ordures, a fait l'objet d'autre part de deux citations qui méritent d'être, la première, de PETCH, recopiée en raison des précisions que ce texte apporte sur la localisation de

---

(1) Aucune de nos observations ultérieures ne nous permet de contredire cette hypothèse, et même elles la confirment. D'autre part, nous avons vu que GRASSÉ et NOIROT ont découvert un *Macrotermitinae*, le *Sphaerotermes sphaerothorax*, qui construit des meules sur lesquelles ne se développe *aucun* champignon.

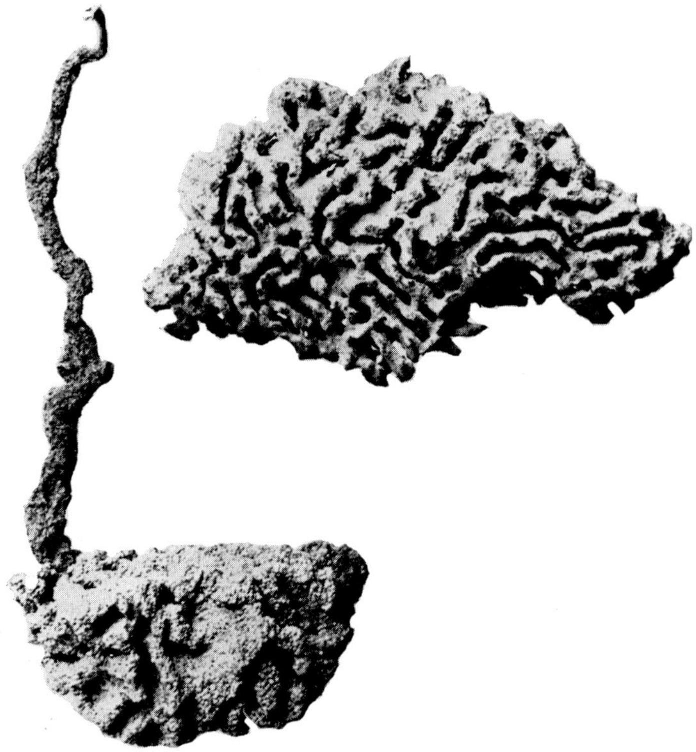

Fig. 47. — Meules retirées du nid et rapidement envahies par le *Xylaria gardneri* Berk.
dont on voit une fructification ascosporifère (Congo-Brazzaville).

Gr. nat.

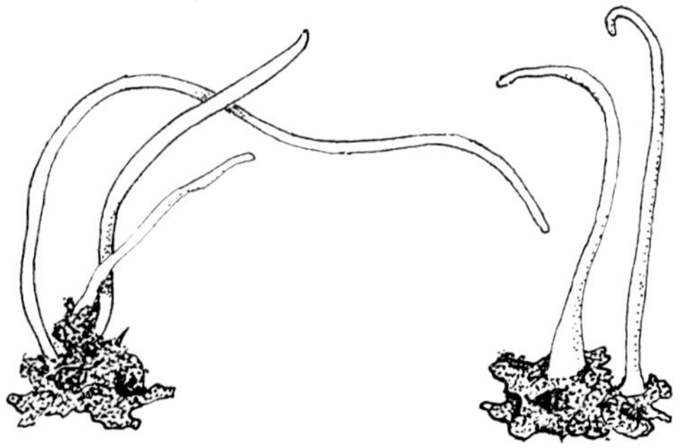

Fig. 48. — Débuts de *Xylaria nigripes* croissant sur meules après extraction de celles-ci
hors du nid et disparition des mycotêtes de *Termitomyces albuminosus*. Bihar.

Leg. R. Heim
Gr. nat.

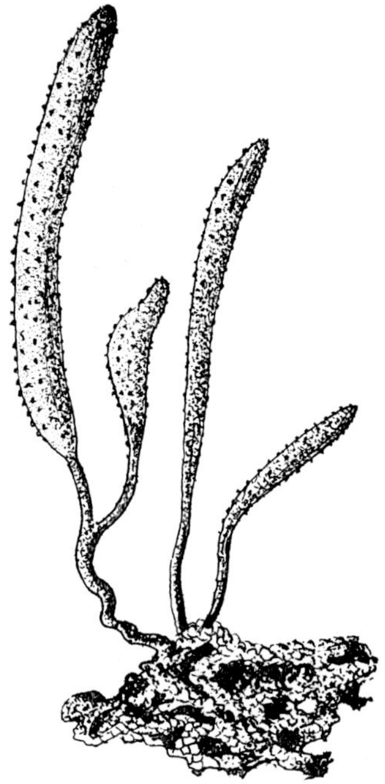

Fig. 49. — *Xylaria termitum* issu d'une termitière abandonnée et attaché par des cordons assimilables à des sclérotes, à meule constituant leur support (Madagascar).

ce champignon et sa croissance sur les meules abandonnées, à Ceylan, la seconde, de Mme Marcelle LE GAL qui a fixé avec précision la systématique de ce champignon, selon trois récoltes malgaches et l'examen des spécimens d'herbier, et la synonymie des binômes qui s'y rattachent (Fig. 50).

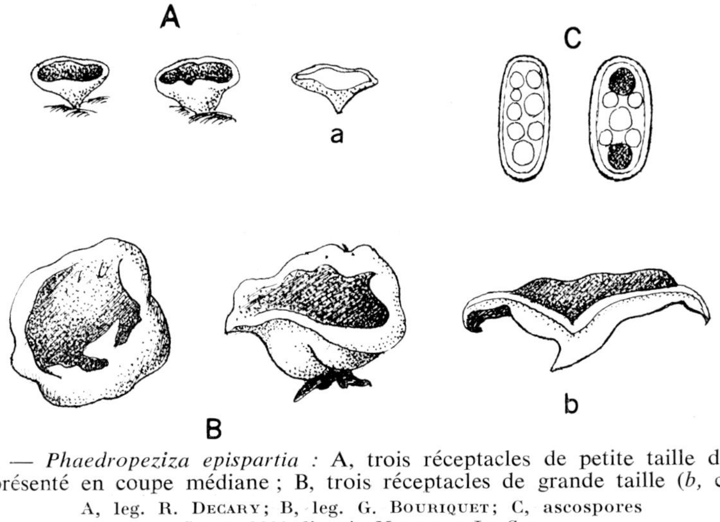

Fig. 50. — *Phaedropeziza epispartia* : A, trois réceptacles de petite taille dont l'un, *a,* représenté en coupe médiane ; B, trois réceptacles de grande taille (*b,* coupe).
A, leg. R. DECARY ; B, leg. G. BOURIQUET ; C, ascospores
Gross. 2000 d'après MARCELLE LE GAL

Voici un extrait de la traduction du texte de PETCH :

LA PEZIZE

« Quand on a laissé sécher une meule de termites qui porte *Aegerita Duthiei* (1), par exemple en l'exposant à l'air sous une véranda, il s'y développe habituellement, sur la face inférieure, de petites touffes de mycélium, aplaties ou subglobuleuses, rouges ou jaunes, ayant jusqu'à 3 mm de diamètre. On peut obtenir les mêmes touffes sur des meules placées sous cloche, à condition de les avoir fait un peu sécher au préalable, afin de retarder la croissance du mycélium de *Xylaria*. A partir de ces touffes, un mycélium jaune s'étend sur toute la meule, et à la surface de la cloche de verre ; il produit finalement des sphères jaunes, qui se fendent suivant l'équateur, en donnant de petites Pezizes de la même couleur. Etant donnée la présence constante des touffes rouges et jaunes sur les meules enlevées du nid, on doit admettre que le mycélium du *Peziza*, comme celui du *Xylaria*, est toujours présent dans les meules. Le fait qu'il n'a pas été remarqué par d'autres observateurs, est certainement dû à ce que, lorsqu'on place la meule sous une cloche de verre dès qu'on l'a enlevée du nid, le mycélium du *Xylaria* fait disparaître tout autre chose.

L'affirmation de PETCH selon quoi ce champignon est un saprophyte des meules de termite à Ceylan reste compatible avec sa découverte à Madagascar où cette même espèce a été recueillie par R. DECARY (sur bouse, dans la broussaille, Ambovombe, 1932, et sur débris végétaux en forêt, Andranofosika, 1938) et G. BOURIQUET (sur le sol, Tananarive, 15-11-1944) et aux Indes par nous-même sur débris d'ordures ce qui confirme la croissance saprophyte et la polyphagie de cette Pezize. Ici encore, il s'agit d'un champignon adapté peu à peu au milieu très particulier que constituent les meules, et appartenant à la succession des espèces saprophytes observées parfois sur ce substratum auquel le champignon s'est adapté secondairement et facultativement.

Neoskofitzia termitum v. HÖHNEL (2)

Cette espèce a été découverte par von HÖHNEL à Java, sur des fragments de meule de termites répandus sur le sol. Cet auteur dit l'avoir ensuite obtenue de façon constante sur les meules placées sous des cloches de verre. Il la considère donc comme un champignon des termitières,

---

(1) Autrement dit, les mycotêtes du *Termitomyces albuminosus*.

(2) F. von HÖHNEL, Uber Termitenpilze, *Sitzungsber. Akad. Wüssensch. in Wien*, CXVI, 1908, p. 985. Nous nous contenterons de traduire ici les indications que PETCH a mentionnées en 1904.

c'est-à-dire, un champignon dont le mycélium est constamment présent dans les meules. Sur ce point, ses observations diffèrent des résultats obtenus à Ceylan.

Le champignon forme de petits périthèces superficiels, isolés ou en bouquet, d'abord rouges puis d'un brun sale, de 300 à 400 μ de diamètre. Les asques sont cylindriques, 44 $\times$ 4 μ ; et les spores sont ovales, d'un vert olive tournant au jaune, 3-3,5 μ.

Jusqu'à ces tout derniers temps, cette espèce n'avait pas été observée sur les meules de termites de Ceylan, malgré l'énorme quantité de meules que différents chercheurs avaient examinées pendant ces sept dernières années. Mais, il y a peu de temps, on a reçu à Peradeniya des échantillons d'un termite et de sa meule, provenant de Jawa ; à l'arrivée, on a trouvé ce champignon poussant sur la meule. Comme le paquet avait mis trois ou quatre jours à parvenir, il est probable que le champignon s'était développé pendant le voyage. Le termite en question était *Termes redemanni*, espèce commune à Peradeniya, et dont les nids ont été maintes fois examinés : il semblerait donc presque certain que *Neoskofitzia termitum* n'est pas associé d'une façon constante avec les meules de *Termes redemanni*.

Ce champignon ne semble pas différer de **Neoskofitzia monilifera** (B. et Br.) v. Höhnel = **Nectria monilifera** B. et Br. L'examen du co-type de cette dernière espèce, dans l'herbier de Peradeniya, montre qu'il a poussé sur le sol sablonneux, non sur une meule de termites. Mais il se peut, naturellement, que des échantillons trouvés sur le sol aient leur origine sur des meules de termites, sous terre.

Il semble donc souhaitable que les particularités biologiques de cette espèce fassent l'objet de précisions nouvelles.

CHAPITRE XVIII

LES TERMITOPHILES SAPROPHYTES DU REVÊTEMENT DU NID

Les champignons termitophiles saprophytes stricts sont de simples commensaux inconstants, non liés aux termites, pas même aux meules, mais propres à la terre latéritique qui constitue l'édifice, et rien que lui. C'est au cours de notre mission à Madagascar, en 1934-1935, que nous avons dirigé quelques-unes de nos premières investigations sur ce sujet. Par la suite, nous avons retrouvé en Afrique Noire (Côte d'Ivoire, Guinée, Oubangui) d'autres représentants de genres basidiomycètes croissant sur les revêtements des nids, sans offrir aucune connexion avec les insectes eux-mêmes, j'entends avec leurs meules. Ces espèces appartiennent aux AGA-RICALES — Lépiotes et *Leucocoprinus* ou *Hiatula*, certaines de la stirpe *caepestipes*, *Psalliota*, surtout, *Marasmius* —, aux BOLETALES (*Boleto-chaete*), aux GASTERALES (Podaxons, *Gyrophragmium*, *Bovista*). Le genre *Protubera*, précédemment mentionné, peut être considéré comme cavernicole : il habite le sol des chambres probablement abandonnées.

AGARICALES

LES LEPIOTES TERMITOPHILES SAPROPHYTES

Nous signalerons et décrirons sommairement ici quelques représentants de ce groupe, recueillis par nous, dont la liste pourrait être allongée.

LES LEPIOTES

LEUCOCOPRINUS

Leucocoprinus madecassensis HEIM sp. nov. (1).

Leucocoprinus madecassensis HEIM nov. sp.

Pileo 2-3,5 cm lato, conico, subumbonato, vestimento levi, subtiliter tomentoso, e cinerello albo. Stipite longo, firmo, cylindrato, et cremeo albo. Carne albida. Sporis 9,8-11,2 × 5,5-6, μ, longe amygdaliformibus, poro germinativo angusto et alto, hernia papillosa, hyalina superato, appendice hilifero parvo, intus pallide e roseis ochraceis. - Madagascar.

---

(1) *Bol. d. Sociedade Broteriana*, XIII, 1938. Nous avons évité de préciser ici le sous-genre auquel ces espèces pourraient se rattacher dans l'insuffisance de nos descriptions prises sur le terrain.

L'espèce malgache, recueillie sur une termitière dans la forêt d'Analalava, au sud de Diego-Suarez, fév. 1935, présente les particularités suivantes :

Le *chapeau,* de 2 à 3,5 cm, largement conique-subumboné, à revêtement lisse mais un peu tomenteux, était blanc grisonnant. Le pied, long mais solide, de 4-6 cm sur 3-5 mm, cylindracé, ferme, s'élargissant légèrement vers la base non radicante où sa chair est dure, se montre concolore au chapeau. Les *lamelles,* serrées, apparaissant blanc crème, la chair blanchâtre ; les *spores,* de 9,8-11,2 × 5,5-6,6 μ, ont été décrites et figurées avec précision (*loc. cit.,* 1938) : amygdaliformes — allongées, à arêtes apicales à peine convexes, même quelque peu concaves, à pore germinatif étroit et profond, surmonté d'une hernie papilleuse hyaline, à appendice hilaire petit, au cytoplasme ocre rosé clair.

Lepiota ivoriensis HEIM.

Lepiota ivoriensis HEIM nov. sp.
Pileo 3-3,5 cm lato, candido, stipite inaequali, curvo, imo inflato. Lamellis pure roseis. Sporis vivide ochraceis, 5,7-8,6 × 3,4-4 μ, tunica crassa, poro germinativo carentibus. - In termitum nido- cathedrali atque in ligno. Propre Danané (Côte-d'Ivoire).

Cette espèce entièrement blanc pur à l'état frais, lisse, est physionomiquement proche du *Leucocoprinus madecassensis ;* recueillie sur termitière-cathédrale et sur bois aux environs de Danané (Côte d'Ivoire, avril 1939), petite, au chapeau mesurant 3-3,5 cm de diamètre, au pied inégal, courbé, fortement renflé dans la partie inférieure, pleine et devenant fauve, elle offre des lamelles d'un rose franc et des spores d'un ocre vif vues au microscope, mesurant 5,7-8,5 × 3,4-4 μ, à paroi épaisse, *privée de pore germinatif.* Le *Leucocoprinus Teisseri* (DE SEYNES) HEIM s'en sépare par ses spores nettement plus grosses (10-12 × 6-7 μ) et à pore germinatif.

Lepiota termitophila HEIM nov. sp.

Lepiota termitophila HEIM nov. sp.
Pileo late conico, adulto paulum gibboso, niveo, praeter medium ochraceum, parvis candidis squamis punctato. Stipite graciliore, imo inflato, albo, deinde fulvidulo. Anulo fragili ac spumoso. Lamellis stipatis, viridulo reflexu. Pulvere sporarum candido. Carne alba, odore gravi. Sporis 5,7-8,8 × 3,4-4 μ, sub microscopo pallide ochraceis, poro germinativo carentibus. - La Maboké (R.C.A.). VIII, 1965.

Il nous paraît très probable que cette récolte, qui s'appliquait à une espèce entièrement blanche, ait été retrouvée à plusieurs reprises en Afrique occidentale et équatoriale, atteignant parfois une assez grande taille, toujours sur la terre de nids de fourmis blanches. La découverte à la base d'une grande termitière de forêt, dans un boqueteau, en lisière de la savane de Boubakiti, près de La Maboké. d'une Lépiote de ce groupe, nous permet d'ajouter quelques précisions à son égard. Le *chapeau,* largement conique, encore quelque peu bombé à l'état adulte, est blanc de neige sauf au centre qui demeure ocracé. Il est ponctué de petites écailles blanches, vaguement coniques. Le *pied,* assez grêle mais renflé à la base, blanc également, devient fauvâtre ; il possède un anneau fragile et spumeux. Les *lames,* serrées, ont un reflet vert, mais la sporée est blanc pur. La *chair,* blanche, possède une odeur assez forte, et reste inerte à l'action du pyramidon. Les *spores,* plus petites que les précédentes, mesurent 5,7-8,8 $\times$ 3,4-4 μ ; elles sont ocre clair et semblent privées de pore germinatif (1).

Ainsi, nous voici en présence de deux Lépiotes dont l'une, malgache, a les lames rose pâle et les spores rosâtres, et l'autre, centrafricaine, les lames verdâtres et les spores blanches.

Mais d'autres espèces de Lépiotes, celles-ci nettement chromosporées, se montrent dans le même habitat. Nous avons ainsi décrit deux espèces rhodosporées, la première, de Guinée (*L. Grassei* HEIM), la seconde, de Côte d'Ivoire (*ivoriensis* HEIM) au chapeau blanc l'une et l'autre. En voici les descriptions telles qu'elles ont été mentionnées dans notre Mémoire des *Archives du Muséum.*

Lepiota Grassei HEIM (1) nov. sp.

Lepiota Grassei HEIM nov. sp.

Pileo 6-7 ad 7-9 cm lato, expanso medio gibboso, e roseolo eburneo vel ex ochraceo pallide rufulo, squamulis fuscis nigellisque, in orbem stipatis obtecto; cute faciliter secernibili. Stipite longo, solido, fragili, sed fibroso, cavo, medulla sericea. Lamellis liberis, substipatis, albidis vel pallide ex aurantiacis ochraceis. Redolet mucorem, sed non foetens; sapore grato, deinde gravi. Carne ex incarnata cremea, ope NH₄OH statim vivide caerulea. Pulvere sporarum e roseo brunneo. Sporis 5,2-6,2 $\times$ 3,1-4, 1 μ, conicis, parvo poro germinativo. In excelso nido termitum. In Africa occidentali.

Une autre Lépiote chromosporée et termitophile saprophyte a été recueillie plusieurs fois lors de notre voyage en Afrique occidentale (avril 1939) sur grandes termitières. Excellent comestible, très consommé, c'est le *lohofaiqui* des Tomas, c'est-àdire le champignon des perdreaux et encore le *birianayi* des Lélés (ou *lebirianayi*) et le *mammaya* des Kissis.

Le *chapeau* atteint 6-7, voire 7-9 cm de diamètre ; il s'étale en restant obtusément bombé au centre ; le fond est crème rosé, ou ocre roussâtre clair mais le revêtement est couvert de mèches brunes ou noirâtres, serrées concentriquement et brun marron au centre ; la cuticule est aisément séparable jusque vers le sommet. Muni d'un petit anneau membraneux gris brun, le pied est long, mais solide, cylindrique, cassant mais fibreux, creux à moelle soyeuse. Les *lames* libres, peu larges, assez serrées, d'abord blanchâtre sale, virent à l'ocre orangé clair, nuancé de glauque

---

(1) Cette haute variabilité de la couleur des spores, des sporées et des lamelles dans le genre dit « leucosporé » *Lepiota* au sens large a fait l'objet de nos observations d'ordre général dans notre Mémoire du Muséum National (1942) et militent, comme nous l'avons alors signalé, en faveur de la suppression du genre *Chlorophyllum.*

(1) *Arch. Muséum Paris,* 1942.

jusqu'au bistre, et la sporée, nettement colorée, est brun rosé. L'odeur, caractéristique, est celle de la vinasse, du vieux tonneau, celle de moisi qu'on retrouve dans l'*Inocybe cervicolor,* mais non fétide et la saveur se révèle douceâtre, agréable, puis assez forte. La chair est crème incarnat, inactive au gaïac et au pyramidon ; elle donne une *coloration bleu de Prusse immédiate et violente sous l'action de l'ammoniaque.*

Les *spores* mesurent 5,2-6,8 $\times$ 3,1-4,1 μ; elles sont coniques dans leur partie apicale et possèdent un petit pore germinatif. Le tégument exosporique bleuit faiblement sous l'action de l'iode.

Cette Lépiote appartient à la stirpe *flavidorufa.*

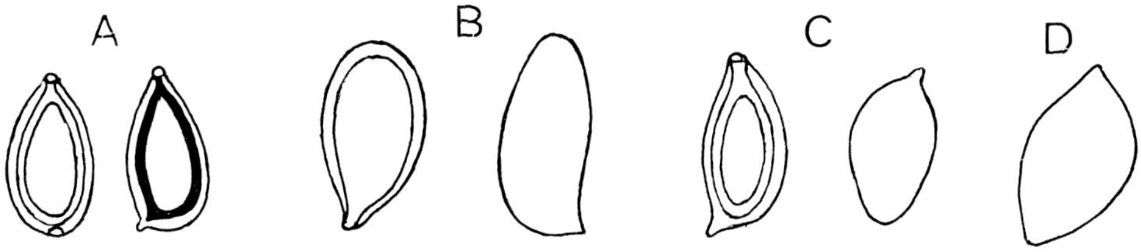

Fig. 51. — Spores de Lépiotes termitophiles : A, *Leucocoprinus madecassens.s* Heim, Madagascar ; B, *Lepiota ivoriensis* Heim, Côte d'Ivoire ; CD., *Lepiota Grassei,* Afrique occidentale.

Gross. 4000

AUTRES AGARICS TERMITOPHILES
ET MYRMECOPHILES SAPROPHYTES

PSALLIOTA

Psalliota termitum Dufour (1).

Cette Psalliote décrite par Dufour, trouvée par Jumelle et Perrier de la Bathie aux environs immédiats d'une termitière, se rattache probablement au *Psalliota campestris* commun à Madagascar dans les lieux fréquentés par l'homme, et dans les pâturages à bœufs. Elle ne vient donc qu'accidentellement sur les nids de termites.

---

1. *Rev. gén. Bot., 25,* p. 417, 1913.

APPENDICE

Marasmius pahouinensis DE SEYNES (2).

Cette espèce a été décrite du Congo français par DE SEYNES, dans son Mémoire de 1897 sur feuilles mortes et débris végétaux. Nous l'avons retrouvée abondamment le 24 mars 1939 en forêt sèche au nord de Toulépleu (Côte d'Ivoire) sur alvéoles d'une termitière de *Microcerotermes* qu'elle enrobait de ses filaments mycéliens. Nous en avons livré une description détaillée et une étude embryologique (*Arch. Muséum*, 1942). Pour le détail, on se reportera au texte original, à la planche coloriée et aux microphotographies. Mais la description suivante en résume l'essentiel.

Le *Marasmius pahouinensis* DE SEYNES est un Marasme du groupe des *Androsaceus* PAT. dont la pellicule piléique est constituée de cellules

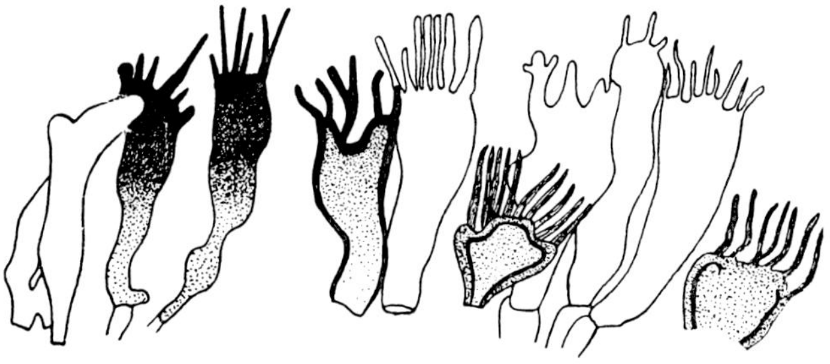

Fig. 52. — *Marasmius pahouinensis* de Seynes : cellules en brosse, formant la pellicule piléique. Côte d'Ivoire.

Leg. R. HEIM
Gross. 800

en brosse. Son *chapeau*, de 1,5 à 2,5 cm de diamètre, en forme de cloche, est glabre sous un revêtement finement et entièrement velouté, à courtes et subtiles fossettes radiales ; sa marge est rabattue, involutée ; la couleur en son sommet, brun orangé foncé, fait place sur le pourtour à une teinte ocre orangé. Le pied est long et grêle, hélicoïdalement tordu, largement creux, reposant sur un subiculum laineux apprimé, blanc citrin. Les lamelles sont nombreuses, très étroites. La *chair*, coriace-tenace, fauve dans le chapeau, possède une odeur fétide. Le champignon montre un développement angiocarpe (Fig. 52).

_____

2. *Recherches pour servir Hist. Nat. du Congo français*, p. 12, 1897.

Omphalia myrmecophila HEIM sp. nov.

Cette espèce, recueillie au cours de notre expédition à Madagascar en nombreux spécimens, cespiteux ou isolés, sur le gâteau des alvéoles d'une fourmilière abandonnée, en forêt primitive orientale de la moyenne vallée de l'Onibe, en aval de Fotsialana, a été étudiée en détail dans notre Mémoire où l'on pourra se reporter. Il est à mentionner que ce champignon appartient au groupe des Agarics à hyménium alvéolé.

BOLETALES

XEROCOMUS

Xerocomus (Boletochaete) sp.

En septembre 1937, nous avons reçu du Nord-ouest de Tamatave (Ivoloina) quelques échantillons d'un Bolet, récolté sur une termitière abandonnée et appartenant à un groupe de Xerocomes de la *Stirpe subtomentosus,* commune à Madagascar, mais s'en distinguant par de nombreuses cystides aiguës et colorées au sommet, à membrane très épaisse et réfringente. Nous en avons donné une description assez complète qui met en évidence la proximité physionomique avec le *Boletus subtomentosus* en signalant que nous apporterions dans une note ultérieure des compléments d'information sur cette espèce que les cystides séparaient nettement des représentants du groupe. Cependant, la prudence nous incitait encore à nous limiter à une désignation générique, sans oser créer un genre pour cette entité. Peu de temps après, R. SINGER rattachait celle-ci à un genre nouveau qu'il appelait *Boletochaete (Mycol.,* 86, 1944) et dans lequel il plaçait l'espèce malgache et celle que PATOUILLARD et BAKER avaient nommée *Boletus spinifer.*

Pour notre part, nous pensons qu'il n'est pas utile de désigner une coupure générique pour caractériser un ensemble d'espèces cystidiées tropicales (trois autres ont été décrites du Congo belge) respectivement très proches des formes européennes connues et communes — *chrysenteron, versicolor,* etc... Cette correspondance remarquable est donc très favorable à l'unification des deux genres : *Xerocomus* et *Boletochaete* sous la première et même appellation naturelle.

La localisation du Bolet de l'Ivoloina sur termitière ne doit pas nous surprendre, les Bolets tropicaux croissant fréquemment sur le bois comme bien d'autres espèces qui se montrent toujours terricoles et saprophytes dans les régions tempérées.

GASTERALES

LES PODAXONS

Podaxon (*) **termitophilus** JUM. et PERR. DE LA BATHIE.

Le caractère spécifique essentiel de ce champignon réside dans la forme de son chapeau, assez allongée, conique, souvent étroite, parfois fusiforme, et toujours très pointue au sommet ; la hauteur est de 10 cm environ, correspondant à un peu plus de la moitié de la hauteur totale du carpophore.

L'enveloppe du chapeau est mince, papyracée, bosselée, cassante, fendue ou fendillée à sa base, ocracée mêlé de purpurin, se séparant aisément de la gléba cotonneuse. Celle-ci, à la fois laineuse et arachnoïde, est compacte, ridée, moins aiguë au sommet, pourpre noir, sauf au début quand le péridium est encore fermé, où elle varie du crème à l'orange. Le stipe est élancé, peu robuste, de 3 à 7 mm de largeur, s'épaississant à sa base régulièrement, puis brusquement en une sorte de disque épais, intimement lié à la terre ou au revêtement de la termitière, pouvant atteindre 15 mm de largeur, parfois amalgamé avec le sable, la latérite ou le gravier en un bulbe sphérique susceptible à son tour de se prolonger en une courte racine et former alors un pseudo-tubercule souterrain turbiniforme mesurant jusqu'à 4-5 cm de hauteur. Ce stipe est ocracé sale, strié longitudinalement ou un peu hélicoïdalement, parfois recouvert de larges écailles caduques, à écorce orangé vif, ocre roux ou concolores ; sa chair est crème olivâtre, roux orangé ou ocrée, très dure ; il se montre d'abord presqu'entièrement plein et traversé d'un étroit canal, puis d'une cavité longitudinale plus large, souvent occupée partiellement par de fines fibrilles soyeuses. La forme régulière du pied, constitue un critère taxinomique notable.

Les spores sont ovoïdes, de 9,5-12 × 8,5-9,5 μ, le capillitium se révèle non gordioïde ni strié, mais inégalement large (2,5 à 6 μ), à membrane moyennement épaisse (0,8-1 μ et jusqu'à 2,5 μ) (Fig. 53).

Cette espèce, strictement termitophile, semble particulière à Madagascar. Elle est caractérisée par sa forme, son port, la couleur pourpre noir de sa gleba mûre, et les particularités de son capillitium.

HABITAT ET REPARTITION GEOGRAPHIQUE

Madagascar (sans indication de localité), 1915, dét. JUMELLE ; Majunga, 2-I-21, leg. POISSON ; environs de Maromandia, 27-XII-22, 23-I-23, 12-II, 23, 28-II-23, leg. DECARY ; Majunga, août 1922, leg. DECARY ; Ambo-

---

(*) ou *Podaxis*.

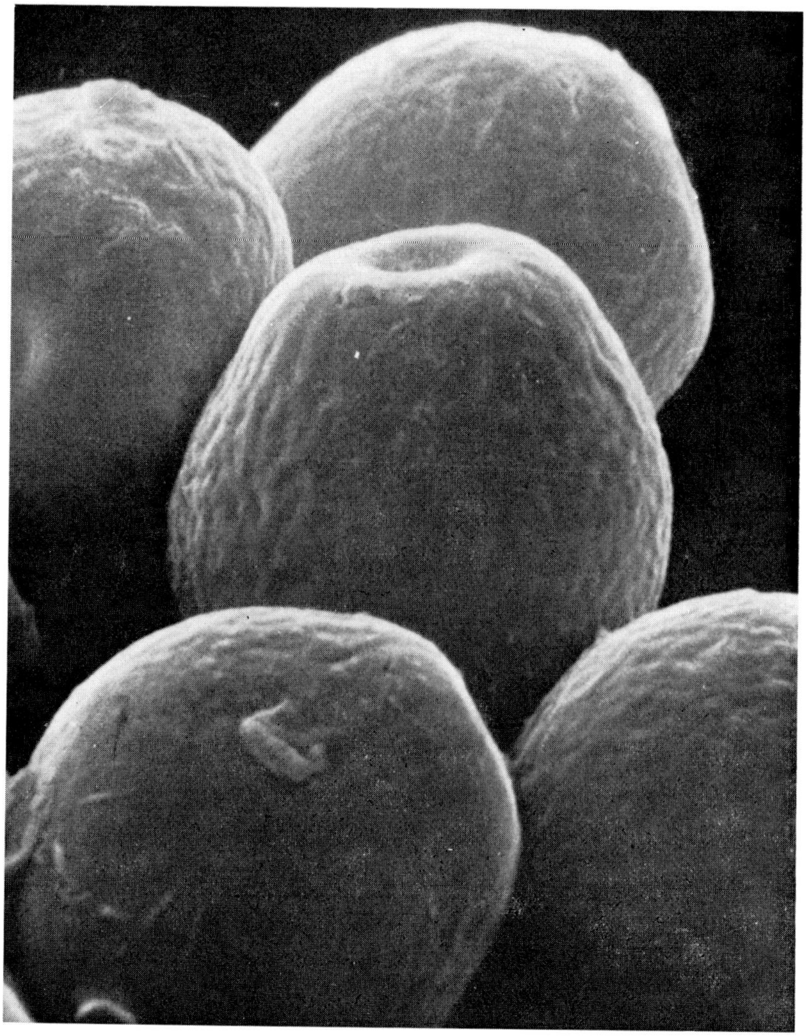

Fig. 53. — *Podaxon termitophilus* : spores vues au Stereoscan (Madagascar).
Leg. G. BOURIQUET
Gross. 10000 environ
Labo. Cryptog. du Muséum, Paris

vombe, 20-XII-24, leg. DECARY ; Bevilany (limite de l'Androy et de l'Anosy), avril 1922, leg. DECARY ; Moronbe, juillet 1934, leg. BOURIQUET.

Il est à remarquer que le microscope à balayage révèle une ornementation tégumentaire nettement fripée - ridée de spores ce qui précise et contredit les indications qui, classiquement, estiment les spores de ce *Podaxon* rigoureusement lisses.

Podaxon indicus (SPRENG.) *sensu* HEIM.

Cette espèce a été trouvée sur termitière par M. POISSON (1921), lors de son deuxième voyage dans la région de Tuléar (S.-O.). La détermination, faite par N. PATOUILLARD sous le nom de *indicus = pistillaris*, est conforme à notre propre compréhension de cette espèce sur laquelle nous avons fourni une précédente étude (1).

Le seul échantillon, termitophile et malgache, mesure 9 cm de hauteur totale, dont 3,5 cm pour la hauteur du péridium et 24 mm pour sa largeur. La forme du péridium est ovoïde, arrondie au sommet ; le stipe raide, cylindrique, large de 3,5 à 8 mm, va en s'épaississant insensiblement vers la base qui est plus large mais non bulbeuse ; son écorce est orangé lilacin, sa chair citrin clair. La gléba est d'un ocracé tirant sur l'olivâtre.

Les spores varient énormément de dimensions : 6,8-12 × 5-8,5 μ.

En somme, cette espèce, quoique venant sur termitières, est manifestement identique au *Podaxon indicus* tel que nous l'avons précisé d'après les échantillons des herbiers et les récoltes de TH. MONOD et de BRUNEAU DE LABORIE au Sahara et en Mauritanie. Ajoutons que nous n'avons cependant pas retrouvé sur l'échantillon malgache les particularités microscopiques remarquables de certains spécimens africains, représentées par des pseudobasides ou spores géantes succédant à un avortement de certaines basides, dispositif pour lequel nous avons d'autre part donné une interprétation. Mais ce fait ne saurait diminuer en rien la certitude de notre détermination.

Podaxon carcinomalis FR.

Parmi les exemplaires de *Podaxon termitophilus* recueillis à Madagascar, et examinés avant nous, figurent dans l'Herbier du Muséum deux échantillons déterminés *pistillaris = indicus* par N. PATOUILLARD, transmis par R. DECARY des environs de Maromandia, 1922.

L'examen approfondi de ces deux spécimens nous a montré qu'ils se rapportaient à deux espèces distinctes. Le petit, très jeune et à gléba encore rousse, est un *P. termitophilus* typique. L'autre, très avancé, présente les caractères micrographiques du *P. carcinomalis* auquel il doit être rattaché. C'est évidemment le mélange de ces deux espèces qui a conduit N. PATOUILLARD à rattacher ces échantillons à une troisième, à laquelle aucun des deux ne doit être à notre avis assimilé.

Les échantillons malgaches de *P. carcinomalis*, à stipe radicant, mesurent 11,5-13,5 cm de hauteur totale aérienne dont 7-9 pour le péridium. Il possède une gléba laineuse, compacte, brun pourpre foncé sauf au som-

---

(1) ROGER HEIM. Mission saharienne Augiéras-Draper, 1927-1928. Champignons (*Bull. du Muséum*, 2ᵉ sér., IV, n° 7, 1932).

met, brun ocré, le stipe épais de 8 à 12 mm, à large prolongement radiciforme ligneux, est cylindrique, peu épaissi à la base, muni d'une écorce
brun ocre olivâtre, à chair orangée autour du médulle central dont la moelle
est fibreuse et blanchâtre.

Ses caractères micrographiques sont ceux du *P. carcinomalis,* dont
nous avons pu vérifier sur plusieurs échantillons provenant d'Afrique du
Sud, déterminés par LÉVEILLÉ et par TULASNE, et physionomiquement

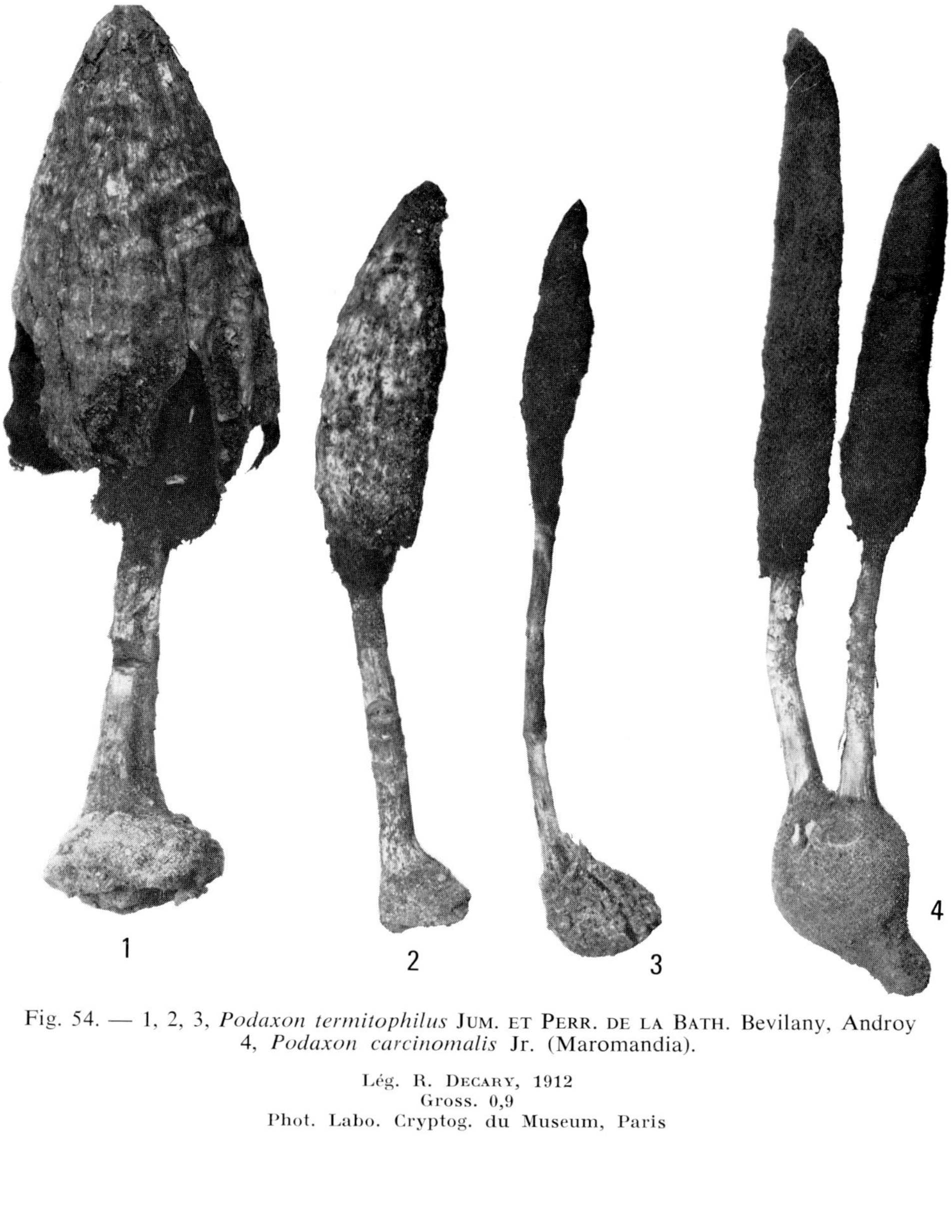

Fig. 54. — 1, 2, 3, *Podaxon termitophilus* JUM. ET PERR. DE LA BATH. Bevilany, Androy
4, *Podaxon carcinomalis* Jr. (Maromandia).

Lég. R. DECARY, 1912
Gross. 0,9
Phot. Labo. Cryptog. du Museum, Paris

identiques à celui de Maromandia, les particularités des filaments de capillitium indépendantes de l'âge de la gléba : très épais (10-16 μ, avec un tégument atteignant 3-3,5 μ d'épaisseur), d'abord olivâtre-ocracé clair, puis opaques et brun foncé, sinueux-spiralés non rétrécis, réguliers et gordioïdes, finalement à membrane subtilement striée-rayée hélicoïdalement ; à spores ovoïdes 8-10 (-11) × 6-8 (-8,8) μ, à large et profond pore germinatif (Fig. 54).

CONCLUSION

Dans notre note de 1938, nous ajoutions les remarques suivantes :

« Ces diverses indications suffiraient déjà à infirmer les conclusions de Miss MORSE (1) qui, ayant signalé, après PATOUILLARD et nous-même, la haute variabilité des éléments microscopiques chez les *Podaxon,* en a déduit avec l'aide de superbes photographies que toutes les espèces de ce genre étaient synonymes. Cette assertion, qui la conduit à assimiler des formes aussi différentes que *termitophilus, indicus, carcinomalis, Farlowii* (2), *squamosus* (3), n'est d'ailleurs appuyée sur aucune donnée précise, sinon sur cette variabilité dont l'auteur américain n'a pas cherché à démêler les modalités. Car cette diversité sporale est beaucoup plus apparente que réelle, et elle peut être systématisée. Nous ne prétendons pas, naturellement, qu'une révision sérieuse des *Podaxon* ne permettrait pas d'en diminuer les nombres d'espèces de quelques unités ; nous sommes même persuadé du contraire. Mais le point de vue extrémiste de Miss MORSE ne peut être accepté par ceux qui considèrent que le problème de la spécificité chez les *Podaxon* est un sujet difficile, nécessitant de nombreux examens, non seulement microscopiques, mais physionomiques, ainsi qu'un sens critique très avisé ».

En tout cas, les récoltes malgaches de *Podaxon* mettent en évidence l'appétence de ce genre pour la terre des nids de termites, et le fait qu'une espèce est strictement attachée au revêtement de ceux-ci, le *P. termitophilus,* alors que d'autres espèces, termitophiles inconstantes, viennent également dans des habitats différents : *indicus sensu* HEIM, *carcinomalis* FR., et probablement d'autres.

Rappelons que CL. FULLER a mentionné que le *Microtermes trinervius* (RAMB.), quoique ne cultivant pas les champignons, hospitalise parfois des échantillons de *Podaxon pistillaris* (probablement notre *indicus*) et *carcinomalis* dont le thalle est profondément enserré dans le monticule, l'auteur ajoutant que ces carpophores sont extérieurs à celui-ci et semblent bien sans aucun rapport intime avec la termitière.

---

(1) EL. E. MORSE. A study of the genus *Podaxis* (*Mycologia*, XXV, p. 1-34, 12 pl., 1933).

(2) à spores de 14-18 × 11,5-15,5 μ.

(3) à spores de 10-16 × 8,8-11 μ.

LE GYROPHRAGMIUM

Gyrophragmium Delilei Mont.

L'aire de distribution de ce *Gyrophragmium*, jusqu'ici propre au bassin méditerranéen, à l'Afrique septentrionale et à l'Asie centrale et méridionale, se trouve augmentée du domaine désertique du Sud-malgache, par suite de la découverte dans le sud de Madagascar, à deux reprises, de ce

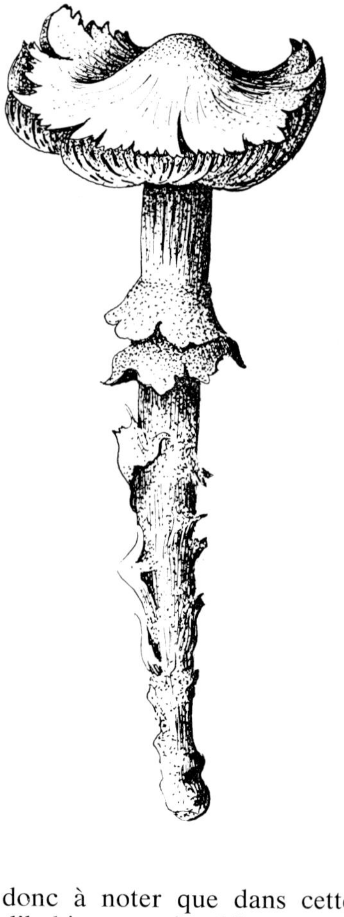

Fig. 55. — *Gyrophragmium Delilei* : un échantillon épigé et adulte (Madagascar).

Gastéromycète sur termitière. Il est donc à noter que dans cette région, le champignon paraît bien adapté à l'habitat termitophile, de même que certains *Podaxon*.

Cette espèce, épigée, est tout d'abord close, renfermant un péridium hémisphérique — umboné ou turbiné — se rompant transversalement suivant une ligne circulaire à la maturité, bientôt libéré, fauve-livide, radialement strié délicatement, de 5-6 cm de diamètre, se prolongeant par un stipe ligneux, fibreux, assez robuste, de 15-20 cm de longueur sur 1,5-2,5 cm de large, atténué peu à peu vers la base, sublacinié de squames fauves plus ou moins érigées et d'un anneau supère, latéralement inséré, souvent déchiré, assimilable à une volve ; la gléba est faite de lames convolutées, rameuses, incomplètement rayonnantes ; les spores, lisses, sont irrégulièrement obovoïdes, inégales, parfois doubles, brunes, de 5,4-8,4 × 4,4-5,6 μ, à pore germinatif peu distinct.

Ce genre appartient au groupe des Gastéromycètes agaricoïdes et forme, avec les *Polyplocium* et *Montagnites* en premier lieu, le trait d'union entre Agaricales et Gasterales. Il croît généralement sur la terre et particulièrement dans les sables maritimes (Fig. 55).

HABITAT

Sur termitière, Befanany, province de Tuléar, juillet 1921, leg. H. Poisson, dét. Patouillard ; à la base d'une termitière, sur sol silico-argileux de décomposition gneissique, vallée du Manambolo, pays antandroy. nov. 1931, leg. R. Decary, dét. R. Heim.

Bovista termitum Heim, sp. nov.

Bovista termitum Heim nov. sp.

Carpophorus globosus, ± 1 cm latus, cortice glabro, papyraceo, vivide ochraceo sub vestimento lateritico haerente, ostiola spicali eminente, breviter cylindrata vel e truncata conica, ± 1 mm alta, libero vel partim exoperidio tecto. Gleba dense lanuginosa, e fulva brunnea, rubro tincta, endoperidio haerente. Mycelio copioso, tenui, albo, in lateritam diffuso. Sporis 5,8 × 4,8-5,8 μ globatis, levibus, triplici pariete, tegumentum crassum 1-1,5 μ formante, coloratis. Capillitio filamentis simplicibus, raro bifurcatis, 1-6 μ latis, plerumque varicoso, septato, haud fibulato. Bebe, ad Boukoko (R.C.A.). VIII, 1965.

Le *carpophore* est globuleux, de ± 1 cm de diamètre, à cortex glabre, sec, papyracé-tenace, d'un *ocracé vif* sous un revêtement latéritique adhésif ; l'ostiole apical, très émergent, cratériforme, brièvement cylindroïde ou tronconique, mesure ± 1 cm de hauteur ; non strié ni fimbrié, à revêtement externe blanc, à cavité arrondie, de 0,9-1,2 mm de diamètre, elle apparaît libre, parfois recouverte partiellement par l'exopéridium, à marge épaisse, un peu débordante, subglabre, à peine distinctement villeuse, légèrement variqueuse.

La gléba, densément cotonneuse, d'un brun chromé foncé nuancé subtilement de rouge, est très adhérente à l'endopéridium.

Le mycélium, assez abondant, non spartoïde, blanc pur, se diffuse dans la latérite.

Les spores, de 5,8-8 × 4,8-5,8 μ, sont globuleuses ou piriformes, lisses, à triple cloison forment un tégument très épais de 1-1,5 μ d'épaisseur, à endospore colorée et épaisse.

Le capillitium comporte de longs filaments minces, simples, rarement bifurqués, de largeur variable (1 à 6 µ le plus souvent) mais à peu près égale pour chaque élément, raides ou à peine variqueux-flexueux, à cloison transversale rare, séparant alors les extrémités élargies de deux cellules ; non bouclé, à membrane réfringente et assez épaisse.

Sur le revêtement d'une termitière en savane de Bébé, près de Boukoko, 1969, leg. R. HEIM.

APHYLLOPHORALES

On peut encore, exceptionnellement, rencontrer sur les grandes termitières des Polypores en relation avec des débris ligneux inclus dans le revêtement du nid. Par exemple *Ganoderma Curtisii* (Madagascar).

CHAPITRE XIX

LES COMMENSAUX
OU SAPROPHYTES DES CHAMBRES

Un tel chapitre pourrait introduire les commensaux propres aux animaux et aux végétaux que fréquemment on découvre dans les chambres, en dehors des meules, sur le sol, auprès de ces dernières. Un tel dénombrement nous entraînerait trop loin. Nous nous contenterons de mentionner un champignon appartenant aux Phallales du groupe des Clathracées, parmi lesquelles une autre espèce, très remarquable, vient dans la forêt primitive de l'Oubangui (La Loué), en rapport mycorrhizique avec les racines du Taon. La description et l'étude de cette espèce mériteraient un complément appliqué à des carpophores dont la maturation serait achevée (1).

Protubera termitum HEIM, sp. nov.
(Pl. IV, Fig. 5, *h, i, j*)

Protubera termitum HEIM nov. sp.

Carpophorus albidus constans ex globulis 8-12 mm latis, densis, cerebriformibus, altis irregularibusque depressionibus excavatis, basi plana rotundaque, 7-10 mm lata, in pariete inferiore cellarum posita, qua e basi oritur appendix radicis specie, 4 cm 1/2-2/3 mm. Hyphis fibulatis, inferiore parte tenui, 4 µ lato, exteriore 6-8 µ. Basidiis clavatis. Sporis non visis propter statum immaturum. — In solo camerae nidi termitum relicto. — Bebe, ad Boukoko (R.C.A.). — VIII, 1966.

---

(1) Les sclérotes et les rhizomorphes des *Xylaria* pourraient être mentionnés dans ce chapitre en raison de leur aptitude à s'échapper hors des meules auxquelles ils demeurent inféodés par leur origine.

Fig. 56. — Ce dessin schématisé réunit sur le revêtement d'un nid de *Macrotermes* les principales espèces de Macromycètes saprophytes venant sur meules (4-6) ou sur la terre de la termitière (1-3, 7, 8) : 1 et 2 : Lépiotes (1, *Lepiota termitophila ;* 2, *L. ivoriensis,* jeune ; 3, *Podaxon termitophilus ;* 4, 5, 6, *Xylaria gardneri,* 4, f. conidienne (RCA) ; 5, forme ascosporée (Madagascar) 6, f. *sclerotium* (Congo ex-Belge), 7, *Gyrophragmium Delilei* (Madagascar) ; 8, *Ganoderma Curtisü* (Afrique occidentale).

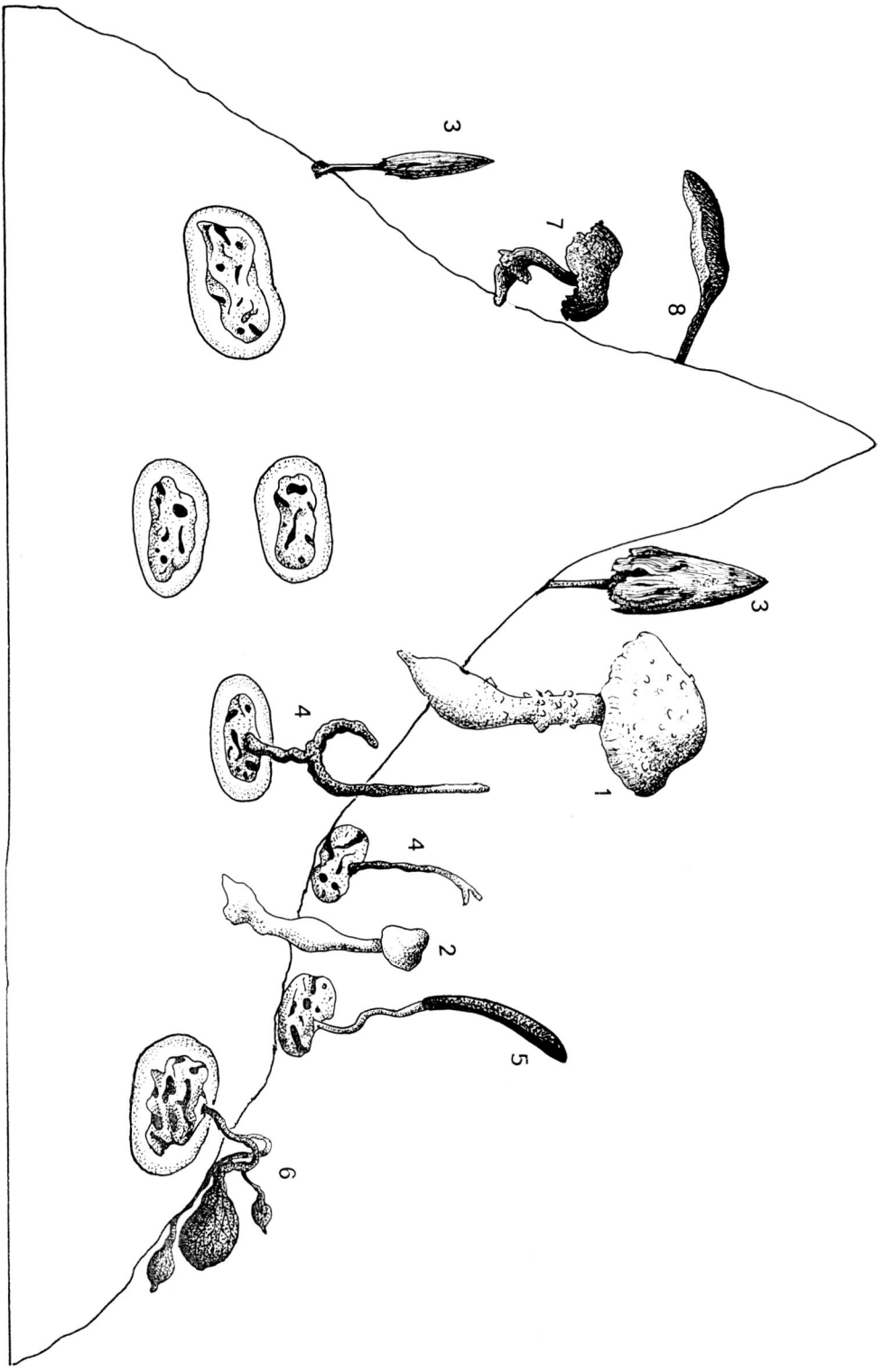

Fig. 56.

Cette espèce a été recueillie, en savane de Bébé près de Boukoko, dans un état immature quoique paraissant adulte, par M. P. TEOCCHI, sur le sol d'une chambre d'un nid de termite abandonné auquel avait été associé très vraisemblablement le *Termitomyces striatus*. La Planche coloriée figure ce champignon représenté par un petit groupe de 4 carpophores. Ceux-ci, entièrement blanc sale, sont constitués de petites masses de 8 à 12 mm de diamètre, denses, grossièrement globuleuses, en fait cérébriformes, creusées de profondes et irrégulières dépressions et de larges rides, sauf à leur base qui correspond extérieurement à un plateau circulaire, horizontal, bien délimité, de 7 à 10 mm de diamètre, reposant exactement sur la muraille inférieure de la loge. Au centre de ce disque est inséré un appendice radiciforme assimilable à un cordonnet rhizomorphique, grêle et souple, blanc, simple ou bifurqué sur son trajet, qui atteint 4 cm de longueur sur 1/2 à 2/3 de mm d'épaisseur.

La structure du champignon rappelle étroitement celle des *Protubera* que les auteurs, depuis A. MÖLLER, ont décrit, comportant très visiblement une triple enveloppe, formée d'une strate extérieure la moins compacte, blanc pur, une autre, intermédiaire, égale dans son épaisseur (± 1 mm), d'un grisâtre clair, d'aspect sébacé, enfin un tégument interne, blanc-régulier, plus mince, enveloppant le futur ensemble fructifère dont l'intrication organisée et cloisonnée dans la diversité des différentes parties constituantes peu aisément identifiables à l'état jeune est pareillement blanchâtre. Le massif terminal, homogène, dense, correspond à la partie charnue du plateau basal, apprimé sur le sol (Fig. 56).

ETHNOMYCOLOGIE

CINQUIEME PARTIE

CHAPITRE XX

LES *TERMITOMYCES*
VUS PAR LES AUTOCHTONES

Depuis nos premières investigations tropicales, c'est-à-dire depuis notre mission à Madagascar (1934-1935), notre attention a été attirée par l'intérêt que portent les populations indigènes, voire primitives, au monde des champignons, par leur savoir accumulé et parfois remarquable sur les végétaux en général, le parti qu'elles en tirent, soit en thérapeutique, soit en sorcellerie, soit dans le folklore, bien entendu dans l'alimentation, sans compter dans le domaine de la connaissance pure, du moins chez certaines ethnies ouvertes également, quoiqu'en disent quelques ethnologues, à l'abstraction et à la simple curiosité, et non pas uniquement au profit gastronomique. Durant près de quarante années, soit en Afrique, ou aux Indes, ou au Mexique, seul ou avec R.G. WASSON, nos recherches se sont orientées vers l'intérêt qu'avait conquis la Flore mycologique dans la vie sociale de telles races, depuis les Kuma de Nouvelle-Guinée et les pygmées Babinga de l'Oubangui jusqu'aux populations relativement évoluées, comme les Zapotèques du Mexique ou les Betsimisaraka de la Grande Ile malgache ou encore les Santal de l'Inde orientale. Peu à peu une carte représentative des territoires ainsi soumis à l'érudition empirique, mais aussi aux prolongements de la science mycologique dans le monde du passé et dans celui du présent relictuel, a pu se dessiner avant d'être un jour publiée. Populations mycophages et mycophobes, soit attirées vers de tels usages, soit n'éprouvant à propos des champignons qu'indifférence, voire répulsion, ont pu être circonscrites selon les résultats de nos investigations et celles de V.P. et R. GORDON WASSON, pareillement attachés à cette nouvelle science que constitue l'ethnomycologie dont ils ont permis de construire les bases solides. Déjà nos communes enquêtes nous ont conduits à tenter quelques mises au point sur les noms vernaculaires adoptés, parfois leur sens, les explications qui éclairent ces termes. Notre essai sur le vocabulaire mycologique des Lissongos de l'Oubangui (HEIM, 1963) a été l'une des premières acquisitions dans le champ de la linguistique systématique de ces Cryptogames.

La place prise par les champignons dans la vie sociale voire religieuse de certaines populations se retrouve çà et là dans le monde : anciennement (Koriak, Joukachire, Kamtchadale du Kamtchatka, Ostiak, Samoyèdes, Ostiak Ienisei, Vogoules de Sibérie, Aztèques et Mayas du Sud Mexicain ;

Indiens des Grands Lacs peut-être) ou encore aujourd'hui (Kuma de la Wahgi en Papouasie, Santals de l'Orissa et du Bihar, Mazatèques et Mixtèques du Mexique). Leur révélation nous a ainsi entraînés à des rapprochements qui dépassent les limites de l'information brute. On sait, par exemple, ce que R.G. WASSON a su tirer de ses enquêtes dans le monde védique d'où est sorti un remarquable ouvrage attribuant à l'Amanite tue-mouche le rôle essentiel dans la composition du soma. On sait tout ce à quoi nos communes investigations sur les teonanacatl ou « chair de Dieu » des Indiens du Mexique ou les putka (champignons doués d'une âme) du pays santal — aux confins du Bengale — ont pu aboutir dans ce domaine où la linguistique rejoint la magie, d'un côté, la parascience, voire la science de l'observation précise, de l'autre.

Mais il convient peut-être d'élargir quelque peu les limites de notre sujet.

La conclusion générale de nos acquisitions ethnomycologiques montre indiscutablement que les mycologues contemporains, et surtout les précurseurs du 19e siècle, n'ont, ou n'avaient, aucune raison de se considérer selon les rigueurs de l'observation dans la Nature — nous disons : sur le terrain — comme supérieurs à certains primitifs dont l'acuité de la vision au sein de leur « environnement » vaut et même dépasse souvent la nôtre. Nous ne nous étendrons pas sur les publications de divers auteurs à ce propos, dont les documents sont tirés des deux règnes, animal et végétal. M. CLAUDE LÉVI-STRAUSS demeure en tête de ces précurseurs, et ses ouvrages, particulièrement celui qui reste le plus abordable au public et le plus synthétique, *La Pensée sauvage* (Plon, 1962), livrent une matière exemplaire à la littérature de l'anthropologie sociale. Nos modestes apports en ce sens ajoutent à ses solides informations des cas comparables, puisés dans la seule province de notre spécialité. Rappelons d'abord quelques chiffres édifiants parmi les cas empruntés à ce très savant ethnologue. Aux Philippines, chez les Hanuno, on découvre cette certitude que la nécessité alimentaire ne dirige pas uniquement l'intérêt des naturalistes indigènes : la faune ornithologique y couvre 75 catégories, l'ichtyologique 60, les mollusques 50 classes marines et 25 propres à la terre et aux eaux douces, en tout 461 types zoologiques dont la connaissance est transmise *par seule voie verbale*. Quant au monde végétal, il réunit 1950 sortes de plantes. Chez les Navahos du Nord du Mexique — utilisateurs du peyotl — la flore de ces régions arides où pousse ce cactus, base de leur religion, énumère 550 espèces. Ces derniers d'ailleurs, survivants de races que les envahisseurs européens ont en grande partie exterminées avant de réduire la connaissance de leurs civilisations à quelques remarquables vitrines exposées à la Smithsonian Institution à Washington, peuvent être considérés comme de grands classificateurs dont les tableaux synoptiques s'inspirent d'une dichotomie raisonnée et raisonnable : animaux rampants, volants, courants, les uns sur terre, les autres sur eau, et, pour chaque subdivision, diurnes et nocturnes, etc. Ainsi, la vie journalière des Navaho est simple, mais non pas leur conscience, leur génie observateur, leur imagination. On en tirera une preuve supplémentaire en rappelant qu'après s'être livrés sans danger et avec prudence au peyotl, puis avoir été conquis sous l'influence des Blancs par l'alcool frelaté, autrement délétère, ils se sont rendu compte des effets dévastateurs de celui-ci et ont su faire marche arrière en retournant à l'usage modéré et religieux du *Lophophora* à mescaline, donnant ainsi l'exemple aux Américains et aux Européens. Certes, avec ces civilisations anciennes, l'emblématisme, le totémisme et la cosmogonie pénètrent dans le territoire objectif de l'observation, mais comme chez les Grecs, les Romains et autres Anciens dont le degré de civilisation n'est jamais mis en cause.

Ces considérations trouvent donc un appui et une source confirmatoire, ou critique parfois, dans les propres considérations auxquelles nos enquêtes ont abouti. L'un des cas personnels qui nous paraît le plus solide, et qu'il n'est pas inutile de mentionner en introduction à notre documentation sur la connaissance primitive propre aux *Termitomyces,* concerne la classification spécifique des Bolets hallucinogènes — y compris les espèces voisines de ceux-ci — par les Kuma de la Moyenne Vallée de la Wahgi (HEIM, 1966). On pourra se reporter à notre Mémoire original pour le détail (1). Résumons cette argumentation et cet exemple en quelques mots : la notion d'espèce s'élargit par l'opposition, mais en même temps par la proximité, des deux entités : la vraie et la fausse, et l'ensemble de telles formes voisines pourrait être assimilé à une stirpe ou une espèce collective. On conçoit à quelle heureuse intuition leur savoir s'applique, leur concept classificateur rejoignant celui de nos précurseurs et également de nous ; de même qu'il existe une Amanite tue-mouche ou fausse oronge, et une *Amanita Caesarea* ou oronge vraie en langage populaire actuel, il subsiste chez les Kuma un bolet hallucinogène ou *ngam-ngam vrai* au centre d'un groupement où se retrouvent le *faux ngam-ngam* non psychotrope, le *ngam-ngam wi* ou variété du premier et le *ngam-ngam wam II* ou fille de celui-ci, la stirpe hétérogène étant constituée en définitive de quatre bolets physionomiquement proches mais appartenant à quatre genres bien distincts — dans le langage mycologique moderne — : **Tubiporus, Boletellus, Gyroporus, Boletinus.**

Ainsi, la tendance classificatrice est avant tout basée à la fois sur deux concepts, qui rapprochent la propriété alimentaire — comestible ou toxique — de la ressemblance, c'est-à-dire les deux critères considérés universellement comme les plus déterminants dans le domaine des affinités, que ce soit chez les évolués, ou les sous-développés, ou les primitifs. Toutes les ethnies se retrouvent autour de ces indices qui font appel aux deux sens majeurs : le gustatif et le visuel. Il est utilisé chez les Pygmées ou les Papous comme chez les mycologues amateurs européens.

Le cas des *Termitomyces* en Afrique Noire mériterait d'être exploré sous cet aspect ethnomycologique, linguistique et taxinomique. Nous l'avons déjà abordé.

---

(1) ROGER HEIM. Les champignons associés à la folie des Kuma. *Cah. du Pacifique,* 7, 1965.

Nous avons recueilli en Centrafrique, particulièrement dans la Lobaye, province de l'Oubangui, encore couverte aujourd'hui d'une sylve profonde, quoique livrée à une déforestation démentielle, une ample variété d'espèces termitophiles susceptibles d'alimenter notre intérêt en nous faisant pénétrer dans la connaissance que les autochtones possèdent des *Termitomyces*.

On sait, d'une façon générale, que ces champignons offrent une chair exceptionnellement savoureuse que ne négligent ni les indigènes dans toute l'Afrique Noire, ni certains Européens qui y demeurent. Ils font l'objet d'un notable commerce en de nombreux territoires et localités. En baoulé, c'est un champignon des termitières qu'est attribué le nom de *brebindré*, autrement dit : champignon du roi. Ces espèces liées aux fourmis blanches s'appliquent même parfois à une clause de propriété. Ainsi en est-il aux environs de la savane — comme celle de Boubakiti — et de la grande forêt où croît dans les étendues herbeuses, sur les termitières pyramidales et géantes à *Macrotermes natalensis,* le *Termitomyces* le plus spectaculaire — **Schimperi** (PAT.) *sensu* HEIM — et *giganteus* dont le chapeau atteint des dimensions énormes (30 centimètres de diamètre) et un poids en rapport, avec celles-ci — jusqu'à 2,500 kg et plus. En effet, dans ces régions, chaque famille du village récolte ses champignons sur l'immense nid du termite qu'elle considère comme son bien, exactement comme le paysan de chez nous cultive son propre champ, avec cette différence que l'exploitation, typiquement africaine, du *Termitomyces* de Schimper ne cause aucun effort. La taille, la saveur, la relative résistance à la putréfaction de cette espèce comparativement à certaines autres du même genre expliquent l'appréciable apport nutritif qu'un seul carpophore — vendu jusqu'à 50 F CFA aux Blancs — fournit à la famille propriétaire et bénéficiaire. Les Lissongo appellent le champignon *bouakombélé,* de *boua* = champignon, et *kombélé* = *termitière*.

Il est à retenir que ces autochtones — qui occupent le secteur de M'Baïki — caractérisent linguistiquement à peu près toutes les espèces courantes de *Termitomyces* et ont donné un nom à certaines d'entre elles alors que la nomenclature scientifique moderne ne les avait pas encore découvertes et désignées par le binôme latin. Ainsi, les aborigènes savent-ils que plusieurs de ces espèces viennent sur termitières en forêt et d'autres en savane, les premières soit à l'époque des pluies (avril-juin), soit en saison sèche (décembre-mars). Au début de la période pluvieuse, la savane voit apparaître le **Termitomyces striatus** à chapeau ocracé clair ou gris — c'est l'espèce la plus commune en Afrique intertropicale avec ses deux formes différemment pigmentées —, et l'*aurantiacus* au chapeau jaune orangé ; la première est le *bouamobaba* et la seconde le *mombakaka*. On notera déjà la perspicacité du coup d'œil de l'Africain : les deux entités sont très voisines, à tel point que nous avions décrit tout d'abord la seconde comme simple variété de la première dont elle diffère par une taille le plus souvent un peu plus petite et par la couleur du chapeau, entièrement orangé vif. Il s'agit là de *Termitomyces* distincts auxquels s'appliquent ailleurs des noms vernaculaires très divers.

En Guinée, la belle espèce **Le Testui** est appelée *kita balé* par les Sous-sous et *souloufou-salarha* par les Foulah ; c'est *le ngdéré* au Cameroun, le *toma* au Congo belge (Eala), c'est probablement le *godo* des Baoulés, le *borro* des Guerzés, terme qui est aussi celui d'une énorme Achatine qui s'en nourrirait et qui lui communique son nom indigène ; au Congo ex belge, la forme ocre de cette espèce porte notamment le nom de *makombo* et la grise celui de *montolo*.

En saison sèche, les espèces de forêt, même proches, sont pareille-ment distinguées par les Lissongo — *bouakolo* pour le **fuliginosus** *saï* pour le **robustus.** De même, les Lélé de la région de Yom'biro, à la frontière de la Sierra Leone, distinguent également ces deux *Termitomyces* : l'un est le *bara* au chapeau fuligineux clair, radialement ridé, à fort perforatorium aigu-pointu et gris brun foncé, à la pseudorhize blanchâtre et non veloutée (*robustus*) ; le second (*fuliginosus*), nommé *pofoli,* est plus grand, à pied brun velouté, vient sur les termitières à *Acanthothermes acanthothorax,* toujours en forêt à la saison des pluies. Il est caractérisé par le disque sclérifié basal de la pseudorhize, surmonté de plaques membraneuses en écailles de poisson. La chair se décompose rapidement et son odeur est franchement nauséeuse au début de la putréfaction. Les Toma nomment cette espèce *po faï* (*gui*), c'est-à-dire champignon-héritage, les Guerzé. *la filé,* champignon-feuille, les Kissi, *kanlouo.*

La similitude de couleur inspire fréquemment le nom vernaculaire : celui de *mokangakanga* en lissongo, propre à une lépiote poussant sur le revêtement des nids de termites, vient de *kanga*, oiseau comparable selon les autochtones à une pintade, dont la teinte du plumage est celle du cham-pignon. D'ailleurs, les rapports avec les oiseaux, non seulement avec le coloris de leur plumage, mais aussi de l'époque où leur chant commence à se percevoir, sont souvent utilisés dans cette terminologie.

Ainsi, le **T. mammiformis,** au remarquable mamelon individualisé comme un organe particulier, brun noir et scrobiculé de même qu'un objet sculpté, est l'*olikoko* des Lissongo, terme qui désigne « l'oiseau qui com-mence à chanter quand s'annonce la saison sèche », c'est-à-dire quand le champignon montre ses premières fructifications. Chez les Toma, on l'appelle *nia faigui*, autrement dit le champignon glissant, et chez les Guerzé le *gna gbé* ou champignon de la poussière.

Le *Praetermitomyces microcarpus* mériterait une étude linguis-tique approfondie puisqu'il existe dans presque toute la zone intertropicale d'Afrique et d'Asie. En lissongo, c'est le *monzokouli* parce qu'il apparaît à l'époque où se fait entendre le « pigeon noir » ou *kouli*. C'est le *butana* des Panzi (Kivu) et ailleurs, quelque part au Congo ex belge, le *bushwa*. Ce même champignon porte plusieurs dénominations en Sierra-Leone : *ka-totr* (chez les Temne), *ndi-vali* ou *ndilivali* (Gba, Up Mende), *mba-vali, mba-galevali* (Mende). Chez les Toma, c'est le *douri-faigui,* chez les Guerzé, le *holapelé,* chez les Boum, l'*amagin,* chez les Baya, le *mbom.* Le *robustus* est désigné au Congo ex belge sous les noms de *Boyoko* en *Kiswahili* et *Biumwia* en kishenzi ; il est très consommé sur le marché de Bukavu ; ail-

leurs, dans ce même Etat, on le retrouve sous des noms divers : *lutumbulu,
botomba,* en turumbu bompata, le *T. globulus* sous ceux de *m'bowo* et
de *makambo,* peut-être de *djambi, rovere, ledji, n'volo.* Cet exemple suffi-
rait à mettre en évidence la richesse du vocabulaire indigène propre à la
caractérisation des espèces fongiques.

Un terme très caractéristique s'applique au **Termitomyces clypeatus**
ou *mombolokoboloko* en lissongo, c'est-à-dire « champignon de gazelle »
en raison de son long perforatorium acéré qui rappelle la corne de cette
antilope. Ce champignon a été également distingué dans de nombreux dia-
lectes, par exemple au Congo ex-belge : *botolo* (Eala), *rovere, ledji, n'volo,
monsoyo* (Gambe), *buombaka* (Bwaka). En Nigeria, on lui connaît trois
dénominations : *olu oran* ou « champignon de petite dimension »
(en yoruba), *ero ocha* ou *blanc,* « joli champignon » (en ibo), *nye nye*
ou « champignon poussant en un grand nombre » pour **T. microcarpus** (en
ibibie). Une étude approfondie des traductions de ces diverses appellations
mériterait d'être entreprise : une thèse de doctorat s'y appliquerait parfaitement !

Notons encore que les Lissongo de l'Oubangui, dont les connaissances
mycologiques étaient autrefois certainement très notables, distinguent les
nids des Macrotermes à champignons, ou *ndongué,* de ceux des *Calotermes*
ou *nzombo* et des *Cubitermes* ou *boulouka.* Les meules fabriquées par les
termites portent le nom de *kpôkpô.* Mais les rapports entre les insectes
eux-mêmes et les champignons des termitières leur échappent : c'est là une
constatation qui conduirait à susciter des commentaires.

Ces quelques indications, propres au seul groupe des *Termitomyces,*
pourraient être mutipliées. On conçoit donc la place qu'occupent dans les
langues africaines des populations anciennes et « sous-développées » le
vocabulaire prêté au monde des champignons. Et il n'est pas douteux que
le savoir parascientifique appartenant à de tels groupes ethniques peut
venir utilement en aide dans les discussions auxquelles les mycologues
modernes sont parfois conduits. Nous en citerons un cas. BEELI, dont les
descriptions sont à peu près inutilisables en raison de leur brièveté et de
leur imprécision, a reçu plusieurs espèces de *Termitomyces,* soit de DEIGH-
TON en Sierra Leone, soit de Madame GOOSSENS-FONTANA au Congo belge.
Or, il est significatif que certaines d'entre elles, distinguées à tort par cet
auteur, et que ni les récolteurs ni lui-même n'ont supposées en relation
directe avec les termites, peuvent être déterminées grâce à la dénomination
identique que les autochtones, selon leur perception excellente, ont su leur
attribuer. Tel est encore l'exemple du **Term. striatus** que BEELI a décrit
sous plusieurs noms comme *Schulzeria striata* et *Schulzeria Goossensiae*
alors que les indigènes donnent à ces récoltes respectives de la région
congolaise d'où elles sont originaires le même nom de *emonge.* Ici, la perspicacité des Noirs est donc comparable, sinon supérieure, à celle de certains mycologues européens. D'autre part, cette même espèce portera un
nom déterminé dans chacune des régions où on la recueille.

En Sierra Leone et dans les zones de Guinée voisines, le *striatus*
s'appelle *nicolei* en Mende, *yombo-ngolei* ou *ngolo-ngolei* ou *ngo-ngolei*

en gba mende et *kapoth-kalo* en temné, *jiavefaigi* en toma, *bara* en lélé, *pouné batamalé* en foula, *nohoua ngola* ou *Kémondo* en sanaga, tandis que l'*aurantiacus* reçoit la dénomination de *msempila* en kikongo du Congo ex belge où le premier rassemble d'autres appellations.

Des remarquables récoltes réunies en ce pays par Madame GOOSSENS, dont les observations descriptives ont été publiées par BEELI sous son nom, avec des diagnoses généralement très insuffisantes, accompagnées souvent de noms vernaculaires malheureusement privés des renseignements propres à l'origine ethnique ou à celle du langage des peuplades correspondantes, on ne peut donc déduire d'indications utiles sur les conceptions que ces indigènes se faisaient de telles espèces, sauf dans des cas très rares. Mais cette documentation très incomplète met cependant en évidence la richesse du vocabulaire due au coup d'œil de ces autochtones. Nous en tirons la confirmation de notre propre expérience : la connaissance empirique des champignons par la plupart des populations de Côte d'Ivoire, de Sierra Leone, de Guinée, du Cameroun, du Centrafrique, des deux Congo, permet de considérer l'Afrique Noire comme l'un des grands domaines où la mycologie pratique et empirique des populations a été la plus développée. Sans nul doute, la cueillette des champignons y fut de tous temps à l'honneur et pas seulement l'observation des espèces comestibles. Notre enquête dans la moyenne vallée de la Wahgi, en Nouvelle-Guinée, c'est-à-dire chez les populations les plus primitives parmi celles que nous avons fréquentées, est révélatrice à cet égard : les connaissances que possèdent les indigènes de cette population Papou en matière botanique et mycologique et leur transmission verbale sont peut-être les plus développées parmi les quelques ethnies du monde demeurées très anciennes, encore survivantes et malheureusement en voie rapide de disparition ou de promotion pseudo-européenne !

La fréquentation des Santal en Inde orientale (1967), près du golfe du Bengale, nous a apporté quelques indications linguistiques utiles sur les *Termitomyces* qui y sont représentés par deux espèces, les informations livrées par le Révérend Père P.O. BODDING les complétant. L'un de ces Agarics est également africain, le *Praetermitomyces microcarpus*, l'autre, *Termitomyces albuminosus*, proche du *Termitomyces striatus* du continent noir ; enfin quelques variétés intermédiaires se distinguent entre les deux groupes essentiels.

Les Santal reconnaissent l'**albuminosus** et le différencient selon plusieurs formes. C'est le *gopha ot'*, consommé, mais aussi, parfois, prétendu toxique, c'est aussi le *motam ot'* qui serait utilisé contre la variole, enfin l'*artod ot'*, l'*or tot ot'*, le *gandri gopha ot'*, le *muci churd ot'*, le *bali ot'* (de *bali* = terre granuleuse), le *moutchi ot'*. On est donc en présence ici d'une conception d'espèce-collective qui tend à multiplier les variétés dont la valeur est pour le moins douteuse et liée plutôt au polymorphisme naturel de l'espèce.

Par contre, les Santal appellent, en certaines régions, du même nom les deux espèces **albuminosus** et **microcarpus** ce qui est d'un intérêt systé-

matique évident puisque jusqu'ici les mycologues européens avaient intro-
duit ces deux espèces dans deux genres et même deux tribus tout à fait distinctes. Il est probable que la présence en Orissa et dans le Bihar, de
formes physionomiquement intermédiaires entre ces deux espèces ait favo-
risé cette assimilation des deux extrêmes par les autochtones. Tel est le
cas pour l'appellation, appliquée aux deux espèces, de *muci churd ot'*, ou
muci ot', alors qu'ailleurs le *microcarpus* porte le nom spécial de *bunum
ot*, ce qui veut dire « très petit champignon ».

Nous en resterons là de cette incursion ethnomycologique.

Certes, nos indications très fragmentaires mériteraient d'être confirmées ou corrigées. Les traductions linguistiques portent probablement et
souvent la trace d'une orthographe phonétique déficiente, et les mots vernaculaires cités mériteraient d'être traduits avec précision. Mais notre essai,
très incomplet, n'a qu'un double but : montrer d'une part l'importance que
les *Termitomyces* occupent dans les connaissances et l'usage nutritif de
nombreuses populations africaines et asiatiques, partout dans les lieux où
ces champignons croissent parce que les Macrotermites y vivent ; ensuite,
et surtout, parce que ces simples indications mettent en exergue la perfo-
rante acuité d'observation de nombreuses populations considérées comme
sous-développées ou même primitives. Indiscutablement, les champignons
ont conquis une place de choix dans les préoccupations des ethnies anciennes et probablement la tenaient-ils plus encore autrefois quand ils partici-
paient amplement à la « cueillette », à laquelle aujourd'hui la culture des
végétaux s'est substituée.

PLANCHES

2

c

d

3

e

a

4

1

b

g

5

f

h

mBORY

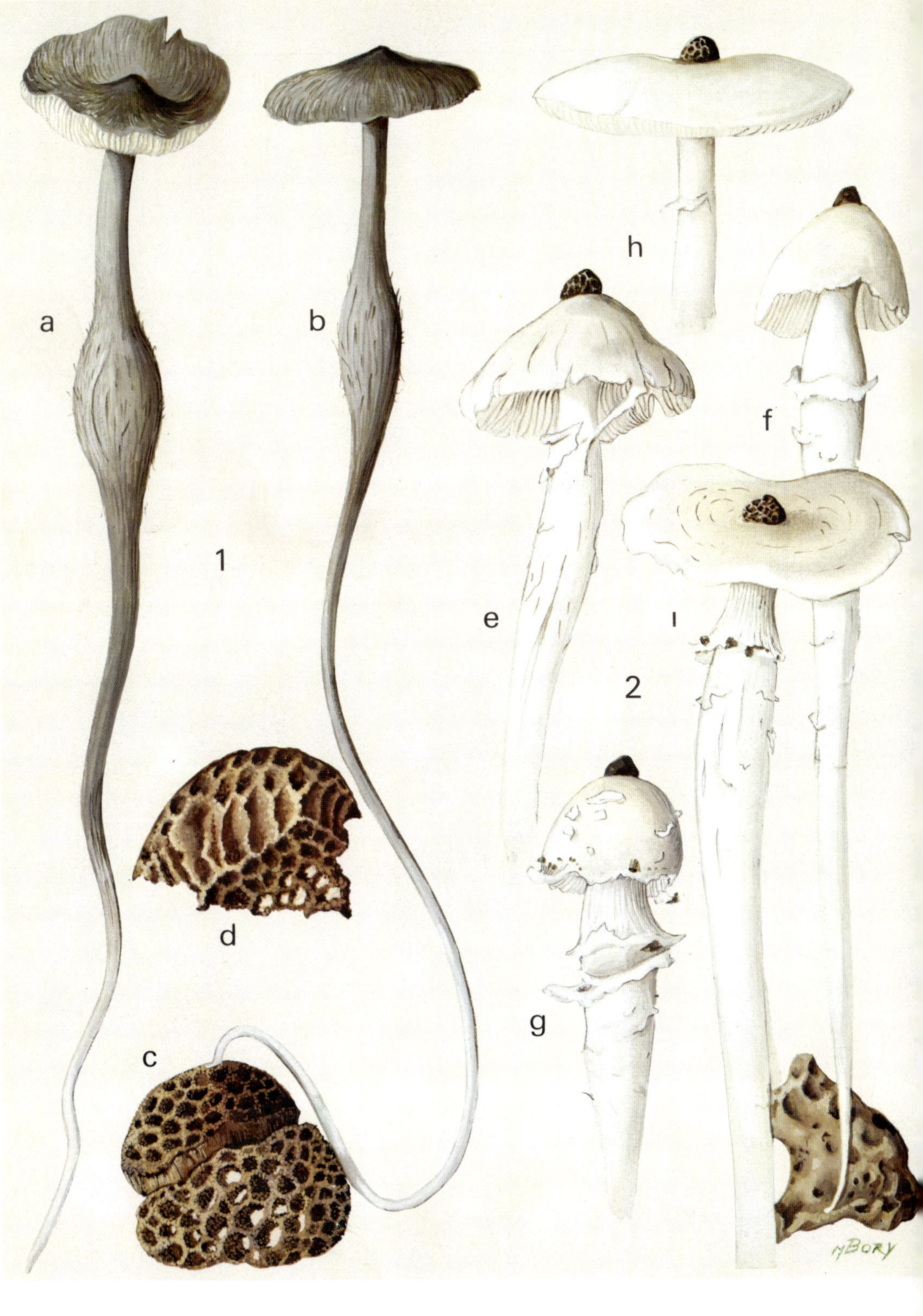

PLANCHE II

Fig. 1. - a, b, c, d : *Termitomyces entomoloides* HEIM. (Etoumbi, Congo-Brazzaville), c, d, meules.
Fig. 2. - e, f, g, h, i : *Termitomyces mammiformis* HEIM. (Etoumbi, Congo-Brazzaville).

(Planches M. BORY et R. HE[

PLANCHE III

Fig. 1. - a, b : *Termitomyces le Testui* (Pat.) sensu Heim. a, jeune (Congo ex-belge) ; b, étalé (Cameroun).

Fig. 2. - c, d : *Termitomyces robustus* (Beeli) Heim. (Ebane, Congo-Brazzaville. On voit les rhizo-morphes.

Fig. 3. - e, f : *Xylaria abovata* Berk. e, forme conidifère, f, forme sclérote avec cordonnets. Meules,
(Planches M. Bory et R. Heim)

PLANCHE IV

Fig. 1. - a, b : *Termitomyces fuliginosus* HEIM (District forestier central, Congo ex-Belge et Macenta, Haute Guinée).

Fig. 2. - c, d : *Termitomyces striatus* (BEELI) forme substriatus HEIM (Savane, La Maboké, R.C.A.).

Fig. 3. - e, f : *Termitomyces perforans* HEIM (Savane La Maboké, R.C.A.). e, échantillon sec ; f, frais grossi.

Fig. 4. - g : *Bovista termitum* HEIM (Savane de Bébé, La Maboké, R.C.A.).

Fig. 5. - h, i, j : *Protubera termitum* HEIM (Savane, La Maboké R.C.A.). h, carpophore ; j, coupe et rhizomorphe ; i, coupe.

(Planches R. HEIM)

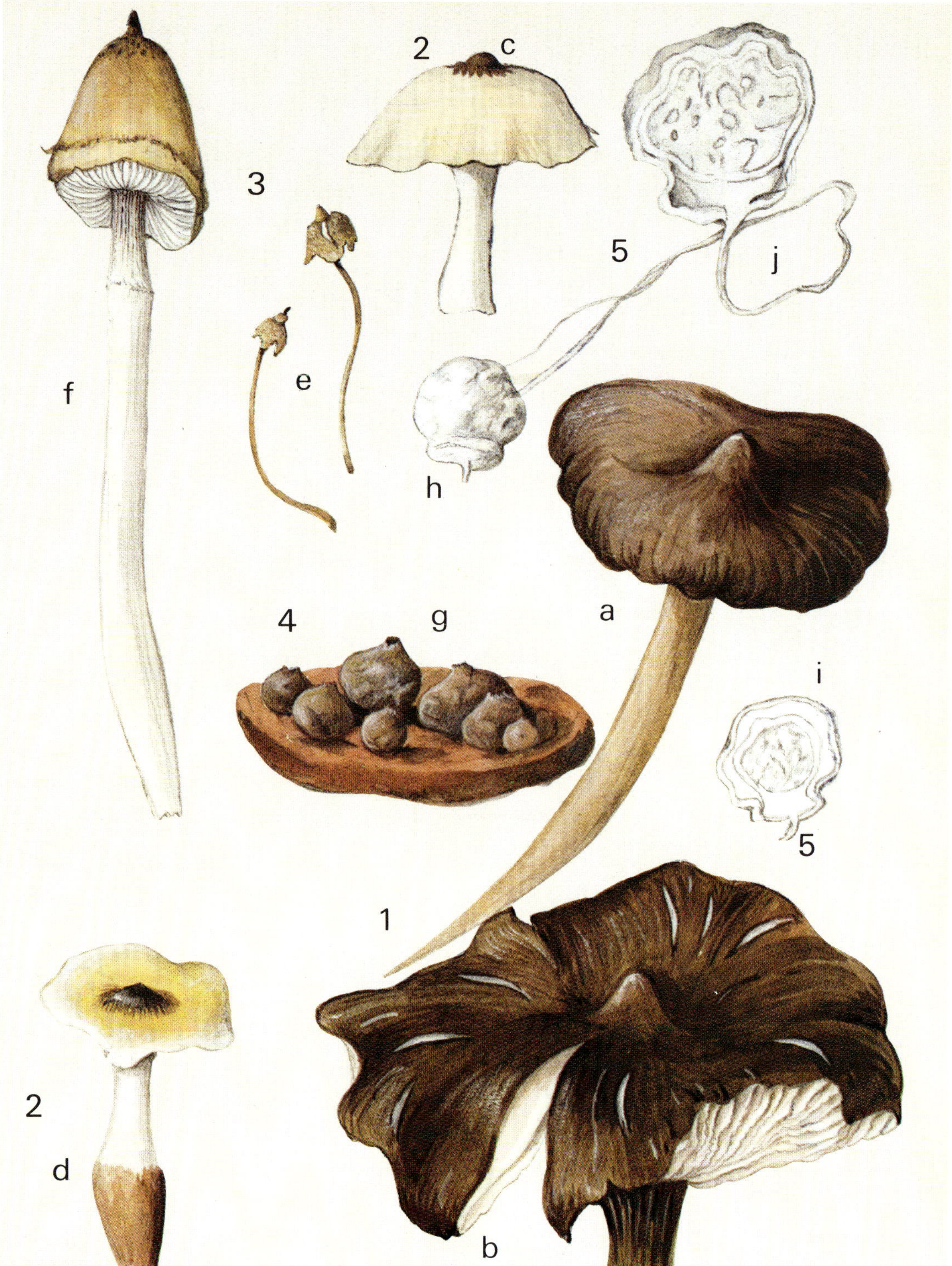

2
c
3
5
j
f
e
h
a
4
g
i
5
1
2
d
b

PLANCHE V

Fig. 1. - Une termitière-cathédrale construite par les termites de Natal (*Bellicositermes natalensis*), associe au champignon le plus puissant des Agarics termitophiles, le *Termitomyces giganteus* HEIM. (La Maboké, R.C.A.).
(Photo R. PUJOL)

Fig. 2. - Termites et mycotêtes dans une zone profonde d'une termitière.
(Photo R. HEIM)

PLANCHE VI

Premières proliférations végétatives de *Xylaria nigripes* sur les meules retirées des chambres du nid, quelques heures ou quelques jours après l'extraction. On peut distinguer nettement la survivance des mycotêtes de *Termitomyces striatus* en voie d'altération à la surface de la meule (3) et leur élimination très proche (5) ou totale (4). Sur les photos 3 et 4, les formations végétatives de *Xylaria* ont proliféré à l'obscurité après peu de jours amorçant les réceptacles conidifères ; sur la photographie 5, apparaît le lacis de fins cordonnets assimilables à des rhizomorphes (Savane de Bébé près de Boukoko, R.C.A.) ; Sur les photographies 1 et 2, on observe les premiers développements stériles de *Xylaria,* en colonnettes, soit simples (1), soit fasciculées (2) (Kathikund, Bihar) (gr. nat) associées à des meules propres au *Termitomyces albuminosus*. La photographie (6) révèle des cordonnets noirâtres de *Xylaria* ayant proliféré dans un entonnoir, à partir des meules. (Madagascar).

5

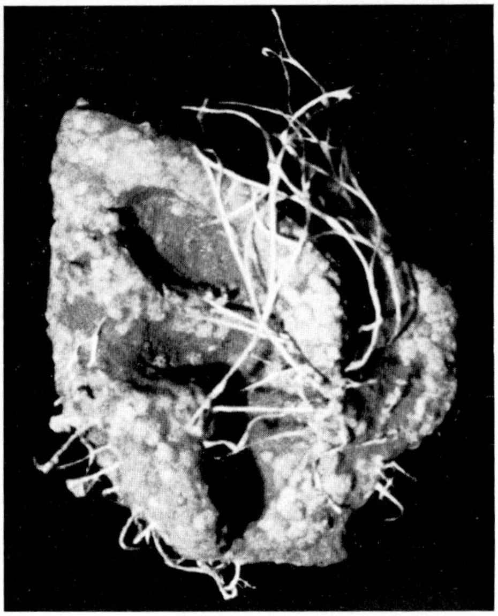

6

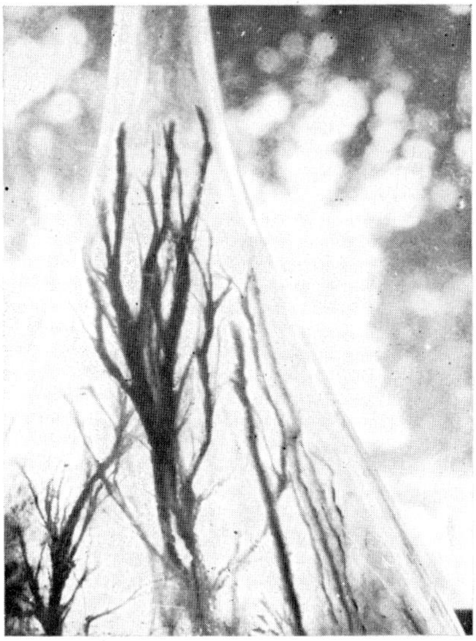

1

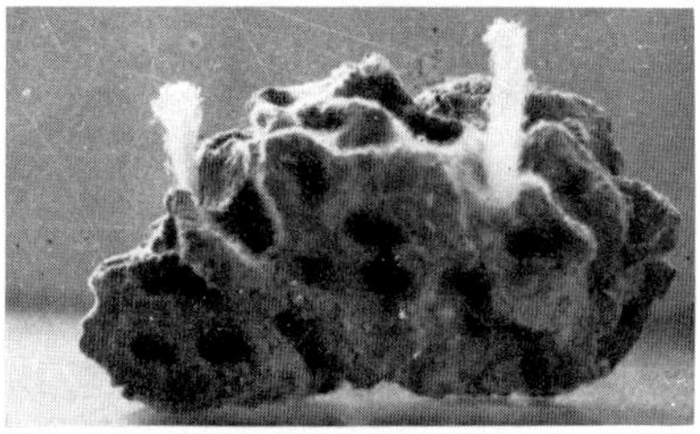

2

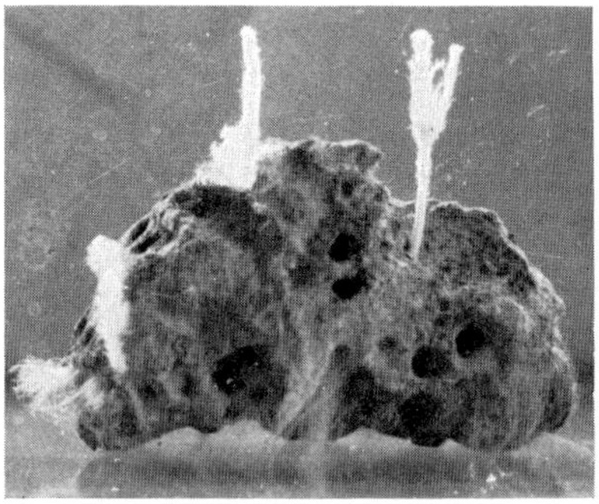

3

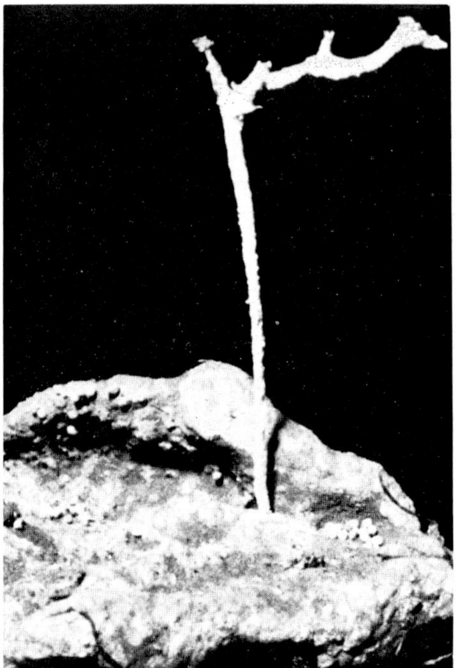

4

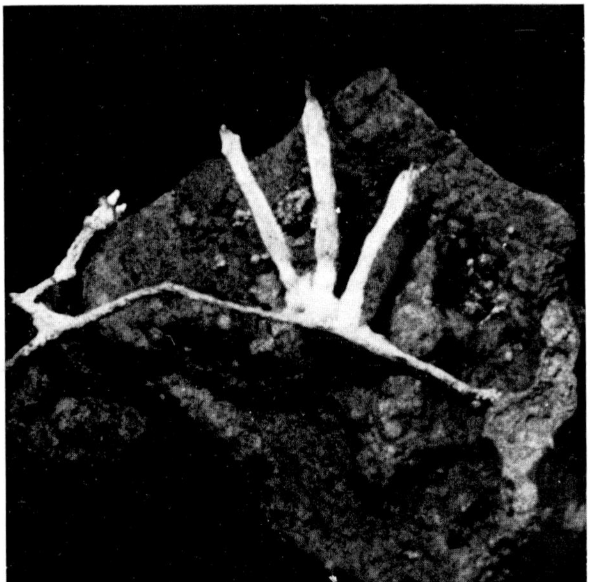

PLANCHE VII

Planche mettant en évidence le développement de la variabilité des voiles et de l'anneau chez *T. albuminosus* : 1, 2, les primordiums émanent des mycotêtes ; 3, 4, formes jeunes sans indice de voile ; 5, 6, 7, le voile enserre la couronne piléique selon un collier ; 8, l'anneau a glissé ; 9, le voile général enserre le stipe ; 10, 11. l'anneau membraneux vient du voile général ; 12, 13, 14, le carpophore en commençant à s'ouvrir provoque des arrachements où les voiles cœxistent plus ou moins ; 15, un jeune carpophore à profil galériculé ; 16, un carpophore adulte en fin d'expansion ; 17, coupe longitudinale dans un réceptacle presque exannulé où apparaît la délicate survivance de l'anneau, débris du voile marginal. D'après les croquis de R. HEIM, Gurguria (Orissa), juillet 1967.

30mm

BIBLIOGRAPHIE

BATHELLIER (J.). — Contribution à l'étude systématique et biologique des Termites de l'Indochine. *Faune des Colonies frança:ses*, I, 1927.
— Les cultures mycéliennes des Termites de l'Indochine. *Ibid.*, I (suite), 1927.

BEELI (M.). — Note sur un champignon des Termitières. *Rev. zool. et Bot. Afric.*, XXI, 4, Bruxelles, 1931-1932.
— Flore iconographique des champignons du Congo. *Fasc. 2.* 1936.

BEQUAERT (J.). — Notes biologiques sur quelques Fourmis et Termites du Congo belge. *Rev. zool. africaine*, Bruxelles, 2, 1912-1913.

BERKELEY (M.J.). — White ants as cultivators of Fungi. *The Americ. Natur, 30*, 1896.

BOTTOMLEY (A.M.) et FULLER (O.). — The fungus food of certain Termites. *South African Journal Natural History*, III, 1921.

BROWN (W.H.). — The Fungi cultivated by termites in the vicinity of Manila and Los Banos. *The Philipp. Journ. of Science, C. Botany*, XIII, 4, 1918.

CORNER (E.J.H.). — An evolutionary studii in Agaric: *Collybia apvalosarca* and the veils. *Trans. of the British Mycol. Soc. XIX, 1*, 1934.

DÖFLEIN (F.). — Die Pilz-Kulturen der Termiten. *Verhandl. der Deutschen Zoolog. Gesellschaft*, Leipzig, 1905.

GRASSÉ (Pierre-P.) et HEIM (Roger). — Un *Termitomyces* sur meules d'un *Ancistrotermes* africain. *Rev. Scient.*, n° 3305, Fasc. 1, 88ᵉ année, 1950.

GRASSÉ (Pierre-P.) et NOIROT (Ch.). — Sur le nid et la biologie de *Sphaerotermes sphaerothorax* (Sjötedt). Termite constructeur de meules sans champignons. *Ann. Sc. Nat. Zool.*, VI, VII. 1944-1945.

HEGH (E.). — Les Termites, partie générale, Bruxelles, 1922.

HEIM (Roger). — Observations sur la Flore mycologique malgache. VI. Les champignons des Termitières : Basidiomycètes. *Boletim da Sociedade Broteriana*, 1938, vol. XIII, 2ᵉ sér.
— Culture artificielle des mycotêtes d'un Agaric Termitophile africain. *C.R. Acad. Sc., 210*, 1940.
— Les *Termitomyces* dans leurs rapports avec les Termites prétendus champignonnistes. *C.R. Acad. Sc., 213*, 1941.
— Etudes descriptives et expérimentales sur les Agarics Termitophiles d'Afrique tropicale. *Mém. de l'Acad. des Sc., 64*, 1941.
— Nouvelles études descriptives sur les Agarics Termitophiles d'Afrique tropicale. *Arch. du Muséum Nat. Hist. Natur.*, 6ᵉ sér., XVIII, 1942.

— Les Champignons des Termitières. Nouveaux aspects d'un problème de Biologie et de Systématique générale. *Rev. Scient.*, n° 3205, *Fasc. 2*, 80ᵉ année, 1942.

— Nouvelles réussites culturales sur les Termitomyces. *C.R. Acad. Sc.*, 226, 1948.

— La Mycothèque (du *Laboratoire de Cryptogamie du Muséum National d'Histoire Naturelle*), Pl. III, 1949.

— Les Termitomyces du Congo belge recueillis par Mme M. GOOSSENS-FONTANA. *Bull. Jard. bot. de l'Etat, Vol. XXI, Fasc. 3-4*, Bruxelles, 1952.

— Les *Termitomyces* du Cameroun et du Congo français. *Mém. Soc. Helvét. Sc. Nat.*, LXXX, 1, Zürich, 1952.

— Classement raisonné des parasites, sybiotes, commensaux et saprophytes d'origine fongique asoociés aux Termites. *VIᵉ Congress Internacional de Patologia comparada*, Madrid, 1952.

— *Termitomyces*. Flore Iconographique du Congo. *7ᵉ Fasc.*, Bruxelles, mars 1958.

— La nomenclature mycologique des Lissongos. *Cahiers de la Maboké, T. 2, Fasc. 2*, 1963.

HOLTERMANN (C.). — Pilz bauende Termiten. Bot. *Untersuch. S. Schwendener*, 1899.

HÖNNEL (V.). — Life über Termitenpilze. *Sitzungsber, d. K. Akad. d. Wissensch. in Wien*, CXVI, 1908.

JUMELLE (H.). — The fungi of certain Termite Nest. *Ann. of the Royal Bot.*

— et PERRIER DE LA BATHIE (H.). — Termites champignonnistes et champignons des Termitières à Madagascar. *Rev. génér. de Bot.*, XXII, 1910.

KEMNER (N.-A.). — Systematische und biologische Studien über die Termiten Javas und Celebes (Kungl.). *Svenska Vetenskapsakad. Handligar, Bd. 13*, 1934.

KNUTH (P.). — Termiten und ihre Pilzgärten. *Zeitsch. D. Entomol. IV*, 1889.

KÖNIG (J.G.). — Naturgeschichte der sog. Weissen Ameisen. *Beschr. der Berliner, Gesellschaft naturforsch. Freunde, IV.* 1779.

MÖLLER (A.). — Die Pilzgärten einiger südamerikanischer Ameisen, Iéna, 1893.

MORSTATT (M.-H.). — Ueber Pilzgärten bei Termiten. *Entomo!. Mitteil.*, XI, 3, 1922.

PETCH (T.). — The fungi of certain Termite Nests. *Ann. of the Royal Botan. Gardens Peradeniya*, III, 1906.

— White ants and fungi. *Ann. of the Royal Botan. Gardens Peradeniya*, V, part. VI, 1913. — Termit Fungi : A résumé. Part. V, 1913.

PATOUILLARD (N.). — Une Lépiote africaine des Nids de Termites (*Lepiota Le Testui*). *Bul. Soc. Mycol. de France*, XXXII, 1916.

SAVORGE (T.S.). — Termitidae of West Africa. *Ann. Nat. Hist. S², V*, 1850.

SMEATHMAN (H.). — Mémoire pour servir l'histoire de quelques insectes connus sous le nom de Termes, ou fourmis blanches. Trad. de C. Rigaud, Paris, 1786.

SMEATHMAN (H.). — Some Acount of the Termites wich are found in Africa and other hot climates. *Roy. Soc. of London*, 1781.

TABLE DES MATIÈRES

ACHEVÉ D'IMPRIMER
EN MAI 1977
SUR LES PRESSES DE L'IMPRIMERIE
G-R JOLY, 19, RUE DES SAINTS-PÈRES, PARIS

PLANCHES EN COULEURS TIRÉES PAR
GROU-RADENEZ, 11, RUE DE SÈVRES, PARIS

DÉPÔT LÉGAL : 2ᵉ TRIMESTRE 1977
Nᵒ D'ÉDITION : 8 - Nᵒ D'IMPRESSION : 6060
IMPRIMÉ EN FRANCE